W0180788

Lorie Karnath und G. Terry Sharrer

Eine kurze Geschichte des Vermessens

Lorie Karnath und G. Terry Sharrer

Eine kurze Geschichte des Vermessens

Aus dem Englischen
von Ursula Bischoff

Herbig

Bildnachweis:
Alle Abbildungen auf dem Vor- und Nachsatz
aus dem Archiv der Autorin, außer:
Meterstab, Detailabbildung Wasserwaage, Uhr: Tamás Wachsler.

Für Dieter, Si und Robert – Forscher allesamt
(Lorie Karnath)
Und für Patty, Nicholas und Alex
(G. Terry Sharrer)

Titel des englischen Originalmanuskripts:
»The Book of Measurement«

Besuchen Sie uns im Internet unter:
www.herbig-verlag.de

© 2008 by F. A. Herbig
Verlagsbuchhandlung GmbH, München
Alle Rechte vorbehalten
Umschlaggestaltung: Wolfgang Heinzel
Umschlagmotive: Ed Ruscha, Michael Jostmeier,
Tamás Wachsler, Lorie Karnath
Lektorat: Dagmar von Keller
Herstellung und Satz: VerlagsService Dr. Helmut Neuberger
& Karl Schaumann GmbH, Heimstetten
Gesetzt aus der 11,25/14,15 Punkt Minion
Druck und Binden: GGP Media GmbH, Pößneck
Printed in Germany
ISBN 978-3-7766-2580-6

Inhalt

Grenzenlos vermessen

»Allgemein kann man sagen, dass Menschen neugierig und bemüht sind, alles im Universum zu verstehen, vom unendlich Großen bis zum unendlich Kleinen. Ich kann mir nicht vorstellen, dass es irgendetwas gibt, was niemals messbar wäre.«

Sir Harry Kroto, Nobelpreisträger für Chemie

Seit Anbeginn der Zeit haben Menschen versucht, Messungen durchzuführen. Messungen sind wichtig, weil sie uns helfen, Ordnung herzustellen, Objekten einen Platz zuzuweisen und verlässliche Aussagen über deren Größe und Distanz in Bezug auf uns selbst zu machen. Ohne zu wissen, wie weit die Sterne entfernt sind, könnten wir niemals ermessen, welche Ausmaße die scheinbar winzigen flimmernden Lichtpünktchen am Nachthimmel wirklich haben. Wie und was wir messen trägt außerdem dazu bei, das Fundament unserer Wirklichkeit zu definieren und beeinflusst jeden Aspekt unseres Lebens, vom Aufwachen bis zum Schlafengehen.

Es gab einmal eine Zeit, als keinerlei einheitliche Messungen durchgeführt wurden, nicht einmal für Dinge, die heute als grundlegende Messgrößen gelten. Länge, Gewicht (Masse) oder Zeit waren von der individuellen Deutung abhängig, was viel Raum für Verwirrung und Chaos ließ. Die frühgeschichtlichen Messungen gingen oft mit ebenso ungleichartigen wie unvereinbaren Methoden einher: Entfernungen wurden beispielsweise völlig willkürlich an der Schrittlänge eines Menschen oder die Zeit durch Herunterbrennen einer Kerze von bestimmter Länge gemessen. Erst mit der Entwicklung des Handels konnte sich ein systematischer Ansatz durchsetzen. Später gelang es der Wissenschaft, die Mittel und Möglichkeiten zu definieren, auf denen unsere Messungen basieren. Wir haben einen weiten Weg hinter uns, seit man glaubte, der Mensch lebe absturzgefährdet auf der Scheibe eines Zylinders, der sich vor dem Hintergrund eines unergründlichen Kosmos in einem Zustand des prekären Gleichgewichts befindet. Inzwischen gestatten uns bestimmte mathematische Messungen, das Universum in verschiedenen Dimensionen zu betrachten.

Zeit, Temperatur, Volumen, Länge, Masse – all das lässt sich messen. Hier einige faszinierende Beispiele:

Astronomen und Mathematiker schätzen, dass der »Big Bang«, der Urknall im Universum, vor 13,7 +/– 0,2 Milliarden Jahren stattfand. Die Explosion erfolgte in Sekundenbruchteilen. Die beteiligten Teilchen, die dabei vom Schauplatz des Geschehens weggeschleudert wurden, driften noch heute durch den Kosmos und sind nun in einer Raumzeit von 15,5 Milliarden Lichtjahren sichtbar.

In der libyschen Stadt Al Aziziyah wurden am 13. September 1922 Rekordtemperaturen an der Erdoberfläche gemessen: 57,0 °C. Die Temperaturen im Erdkern gleichen denen der Sonnenoberfläche (6000 °C), während der Sonnenkern unter wesentlich stärkerem Druck eine Temperatur von 15 Millionen Grad Celsius entwickelt.

Ein 2400 Jahre alter Pilz, *Armillaria ostoyae*, der im *Malheur National Forest* in Oregon wächst und eine Fläche von 8,9 Quadratkilometern einnimmt, ist dem Volumen nach der größte bekannte Organismus der Welt.

Das massive Erdbeben im Indischen Ozean und der Tsunami im Dezember 2004 – mit der längsten Verwerfungszeit, die jemals aufgezeichnet wurde (10 Minuten) und 225 000 Toten

– hatte drei Monate später ein Nach- oder Folgebeben, an derselben Bruchstelle, nur 440 Kilometer vom Epizentrum des Erdbebens vom Dezember 2004 entfernt, bei dem weitere 2000 Menschen auf der indonesischen Insel Nias starben.

Der circa vierzigjährige Manuel Uribe Garza aus der mexikanischen Stadt Monterrey hofft, bald sein »Traumgewicht« von 120 Kilogramm zu erreichen – sofern er dieses Ziel nicht schon erreicht hat. Im Jahre 2001, als er mit 560 Kilogramm den Rekord als »Schwerster Mann der Welt« hielt, begann er mit einer Reduktionsdiät. Selbst mit 120 Kilogramm gilt er noch als krankhaft fettleibig, doch vermutlich ist er der glücklichste »größte Verlierer« aller Zeiten, weil er mehr Gewicht verloren hat als das schwerste Geländemotorrad auf die Waage bringt. Er könnte es weiter reduzieren, wenn er eine Schiffsreise unternehmen und sich mitten im Indischen Ozean wiegen würde, wo die Schwerkraft aufgrund der geodialen Form der Erde geringer ist.

Das meistverkaufte Buch der Welt ist das *Guinness Buch der Rekorde* – eine umfangreiche Sammlung extremer Messungen, in der beispielsweise der größte Tumor und die höchste Zahl mit einem Namen (*asankhyeya*, was 10^{140} entspricht und im alten Sanskrit »unzählig« bedeutet) vermerkt sind – macht Messungen zu einer kurzweiligen Lektüre, im Gegensatz zu vielen anderen Sachbüchern.

Messungen definierten schon immer Sachverhalte, die Menschen sowohl nützlich als auch interessant fanden. In prähistorischer Zeit und im weiteren Verlauf der Geschichte befanden sich alle, die in irgendeiner Form mit der Errichtung von Bauwerken befasst waren, im Besitz nützlicher Messinstrumente, die sie auf Schritt und Tritt begleiteten. Mit der Daumenbreite eines Zimmermanns, der Handspanne, der Elle des Unterarms, der Länge des ausgestreckten Arms und dem Fuß (Daumenbreite mal 12) ließen sich die Messungen für die meisten Häuser durchführen, die errichtet wurden, den gelegentlichen Rundbogen in biblischen Zeiten eingeschlossen. Und es war »einfach« eine Sache der Zeit – ungefähr zwei Jahrtausende –, bis sich aus den ersten Gewichtsnormen der Babylonier die Internationale Meterkonvention von 1875 in Paris entwickelte, die Maßeinheiten auf weltweiter Basis festlegte (das moderne metrische System).

Abgesehen von Interesse und Nützlichkeit befriedigen Messungen noch ein tieferes menschliches Bedürfnis. Die interessantesten und nützlichsten Messungen betreffen die physikalische Größe »Mensch«. Sie gelten physiologischen Merkmalen wie Alter, Größe, Gewicht, Proportionen, einem Prinzip, an dem offenbar alle Menschen ihre Vorstellungen von Schönheit ausrichten. Aus diesen Messungen leiten wir unsere Weltsicht her; dabei benutzen wir unsere Selbstkenntnis als Maßstab, um alle anderen Erkenntnisse kritisch zu rechtfertigen und zu bestätigen. Wir urteilen subjektiv, aus der eigenen Warte, entscheiden, wie alt oder jung, früh oder spät, hoch oder niedrig, groß oder klein, weit oder nah, schwer oder leicht, kalt oder warm ein Objekt ist. Kein Wunder, dass in allen Zivilisationen eine Fülle von Vorstellungen über Messungen existierte. Ohne Messungen gäbe es überhaupt keine Zivilisation.

Wenn wir an Messungen denken, denken wir auf Anhieb in Zahlen, weil sie Dimensionen der einen oder anderen Art repräsentieren. Ob es uns gefällt oder nicht, in Industriegesellschaften wird das Leben der Menschen weitgehend von Zahlen »gesteuert« – z. B. Geschwindigkeitsbegrenzungen beim Autofahren, Werten für das Serumcholesterin, Immobilienbesitz, Backzeiten und -temperaturen – Zahlen, denen immer Messungen zugrunde liegen. Schriftliche und mündliche Prüfungen in der Schule gelten als Messlatte für den Grad der Informationsverarbeitung, Leistungstests messen Kompetenzen, Intelligenztests sollen geniale Begabungen enthüllen (zu dumm, dass es uns bisher noch nicht gelungen ist, Weisheit zu messen).

Ironischerweise zeigt sich wahres Genie in der Fähigkeit, über die akzeptierten Normen hinauszudenken – sich vom »Schubladen-Denken« zu lösen. Einstein zum Beispiel erfand die Raumzeit, weil er eine Maßeinheit brauchte, die von den separaten Schubladen Zeit und Raum nicht geliefert werden konnten. Er hielt sich jedoch an eine konstante Messgröße, »c« für die Lichtgeschwindigkeit: »Meine Lösung (bei der Erklärung der Relativitätstheorie) war für das Zeitkonzept gedacht, das heißt, Zeit ist nicht als absolute Größe definiert, aber es besteht eine untrennbare Verbindung zwischen Zeit und Lichtgeschwindigkeit.« Spätere Messungen ergaben, dass sogar »c« relativ ist. Doch Einstein deutete das wichtigste Maß aller Messungen mit seiner Theorie an: Messungen sind immer abstrakte Größen, geistige Artefakte, die eine Möglichkeit bieten, Veränderungen begreiflich zu machen.

Heute scheint unsere Fähigkeit, Messungen durchzuführen, beinahe unbegrenzt, vielleicht nur durch unseren Forschungsradius eingeschränkt. Dennoch bleibt noch viel zu tun und selbst das, was bereits gemessen wurde, lässt sich in seiner Aussagekraft noch unendlich verfeinern. Mit zunehmenden Erkenntnissen und Entdeckungen findet auch eine fortlaufende Weiterentwicklung und Anpassung unserer Messmethoden und Messinstrumente statt, was sich wiederum auf unsere Hypothesen und Vorstellungen bei der Suche nach immer präziseren Informationen auswirkt.

In den folgenden Kapiteln finden Sie Beispiele, wie Messungen die Welt verändert haben – angefangen von alltäglichen Situationen bis hin zu profunden Erkenntnissen über die menschliche Existenz. In einigen Fällen lösten sie einen bahnbrechenden Wandel aus, in anderen wurde dieser abgefedert, verzögert oder verhindert, da die Deutung einer Messung irreführend oder »federführend« für die weitere Entwicklung sein kann. Doch mit zunehmender Messbarkeit der menschlichen Existenz wachsen auch die Möglichkeiten, unzulängliche Vergleiche zu ziehen. Messungen können zwar die Genauigkeit von Aussagen beträchtlich verbessern und im Verlauf dieses Prozesses unser Leben revolutionieren, doch dieselben Werkzeuge, die unsere Lebenswelt quantifizieren, engen unsere Grenzen bisweilen ein: Sie stellen eine Messtechnologie dar, die kein vollständiges Bild dessen bietet, was sie zu messen behauptet.

Messungen können wichtige Informationen liefern, doch was die Akzeptanz der Messergebnisse betrifft, ist Vorsicht geboten, da die begrenzten Parameter zu Fehlinterpretationen oder absichtlichen Fehlinformationen führen können. All diese Beispiele werden zeigen, dass man Messungen kritisch betrachten und sich fragen sollte, worüber man angesichts der enormen Bandbreite der Messprojekte von »absolut Null« (273,15 ° Kelvin) bis zur Eugenik wirklich Aufschluss erhalten möchte.

Die Zeit messbar machen

Tempus fluit: Frühzeit

*»Alles hat seine Stunde. Für jedes Geschehen unter
dem Himmel gibt es eine bestimmte Zeit.«*
Prediger 3,1

Die Messung der Zeit orientierte sich schon immer an den Zeitvorstellungen selbst, die mit Sicherheit einen mystischen Ursprung hatten, bevor sie einen praktischen Zweck erfüllten. Die ersten Exemplare des Homo sapiens mussten feststellen, dass die Menschen nicht ewig lebten, selbst wenn sie weder Unfällen noch Raubtieren zum Opfer fielen. Sie erkannten, dass der Mensch ein sterbliches Wesen ist und fürchteten sich vermutlich genauso vor dem Tod wie wir. Die Angst vor dem Tod war und ist in allen Gesellschaften eine wichtige Antriebskraft, und das Bedürfnis, etwas über die Dimension zwischen Anfang und Ende des Lebens zu erfahren, erforderte ein Zeitkonzept. Die ältesten nachgewiesenen Zeitmessungen – vor etwa 20 000 Jahren mit Stäben, deren Markierungen die Anzahl der Tage zwischen den Neumonden anzeigten – sind relativ jung, gemessen an dem Wissen, dass die Lebenszeit begrenzt ist.

Jahrtausendelang beschworen die Geschichtenerzähler anthropomorphe Mythen über den Fluss des Lebens und der Zeit herauf. Die Moiren aus der griechischen Mythologie etwa sind drei Schwestern, die dem Menschen die Lebenszeit zuteilten: Klotho spann den Lebensfaden, Lachesis bestimmte seine

Länge, und Atropos schnitt ihn ab. Die römischen Parzen und die germanischen Nornen waren ebenfalls eine Verkörperung dieser Schicksalsgöttinnen, die uns heute noch in Comics und in anderen literarischen Formen, in Filmen und Videospielen begegnen.

Auch wenn das Zeitgefühl prähistorisch ist – die Zeitmessung hat eine Geschichte. Zwar gab es verschiedene Zählsysteme in früheren Zivilisationen, doch erst die Babylonier – Vorfahren der modernen Iraker, die vor ungefähr 40 Jahrhunderten lebten – benutzten ein Zahlen- oder Stellenwertsystem, dessen Basis die Zahl 60 war. Der Tag war eingeteilt in 24 Stunden zu je 60 Minuten und 60 Sekunden. Obwohl dieses alte babylonische Sexagesimal-System nicht mehr existiert, gilt die Einteilung der Stunden und Minuten noch heute. Viele Autoren haben den Zusammenhang zwischen Astronomie und Landwirtschaft beschrieben, der die Entwicklung eines Kalenders erforderte, um astronomische Ereignisse oder jahreszeitliche Phänomene vorauszusagen. Doch Stunden und Minuten wurden auch noch zu einem anderen Zweck gemessen, zum Beispiel um zu errechnen, wie lange ein wertvoller Sklave in der glühenden Sonne arbeiten konnte, oder wie sich militärische Manöver koordinieren ließen.

Mit zunehmender Komplexität der Zivilisationen musste die Zeitmessung viele heute noch gültige Alltagsbedürfnisse erfüllen: Sie ist wichtig für das Trocknen von Farben, für die Berechnung der Dauer von Projekten, für das Brotbacken, die Einhaltung von Terminen usw. Vor allem aber gab sie Auskunft über den richtigen Zeitpunkt für religiöse Zeremonien und Gebete.

Viele Religionen blickten dabei zum Himmel, um ein Zeichen zu erhalten – wodurch das Interesse an der Astronomie und ihres Abkömmlings, der Astrologie, gefördert wurde. Christen sahen sich annähernd zwei Jahrtausende lang durch die Daten von Geburt, Tod und Auferstehung Christi vor unlösbare Probleme gestellt, da sich die östliche Orthodoxie am julianischen und der Westen am gregorianischen Kalender orientierte. Das erste ökumenische Konzil der Christenheit, das 325 in Nicäa stattfand, bemühte sich, eine Brücke durch die Festlegung eines verbindlichen Osterdatums zu bauen: Das Fest der Auferstehung sollte am Sonntag gefeiert werden, der auf den ersten Vollmond nach der Frühjahrs-Tagundnachtgleiche folgte. Lange bevor die Kirchenväter erkannten, dass diese in der südlichen Hemisphäre auf ein Datum im Herbst fällt und die internationale Datumslinie zwei Tage für jeden Vollmond präsentiert, konnte sich die Christenheit in Ost und West nicht auf ein Osterdatum einigen; auch ein erneuter Versuch aus dem Jahr 2001 scheiterte. Dennoch war die Errechnung der Daten für religiöse Feiertage der Motor für die Entwicklung der Zeitmessung im Verlauf der Jahrhunderte.

Das Stundengebet etwa ist eine der ältesten Formen der religiösen Zeremonie. Im jüdischen Psalm 119,164 heißt es: »Ich lobe dich des Tages siebenmal …« Der Islam ruft Muslime fünfmal am Tag zum Gebet (*As-Salah*). Das Neue Testament vermerkt verschiedene Ereignisse, die sich auf die Stunde des Gebets beziehen. Im christlichen Monastizismus wechselten sich Gruppen von Mönchen im immerwährenden Gebet ab, Tag und Nacht. Laien hielten sich an eine gemäßigtere Methode und beteten in der Morgendämmerung, um 9 Uhr, 12 Uhr, 15 Uhr und 18 Uhr. Sonnenuhren, Stundengläser, Kerzen mit Markierungen, Wasseruhren oder grobe Schätzungen gaben vor der Einführung von Uhren an Kirchen und öffentlichen Gebäuden Auskunft über die Zeit, und die Zeiten der Gebete und Fürbitten wurden durch Glocken (selbsttönende Instrumente) angezeigt. Der Heilige Benedikt von Nursia (um 480–547), Begründer des Mönchtums im Westen, ordnete ebenfalls ein feststehendes Gebetsritual an, an das sich alle Christen im Westen mehr oder weniger hielten.

Obwohl es im alten China und Indien astronomische Instrumente für die Zeitmessung gab, gelangte die mechanische Uhr vermutlich durch Kontakte mit Muslimen nach Europa, denn die Araber besaßen hochentwickelte Kenntnisse der Mathematik und Astronomie, die bei der Berechnung der Positionen der Gestirne und ihrer Bewegung in spezifischen Bezugssystemen eine Rolle spielten (Astrometrie). Auch schenkte Harun al-Raschid (785–809), der im späten 8. Jahrhundert Kalif von Bagdad war, Karl dem Großen (747–814) ein Horologium, bei dem ein »Vogel« erschien und die Stunden ankündigte.

Der Beginn der vermessenen Zeit

Möglicherweise entdeckte der gelehrte Benediktinermönch Gerbert d'Aurillac (um 945–1003) bei seinen Reisen durch Al-Andalus (der arabische Name für Spanien) im 10. Jahrhundert mechanische Zeitmesser. Einige Autoren schreiben ihm das Verdienst zu, Uhren mit Gangregler und Spindelhemmung (Schlag- und Räderuhren) erfunden zu haben, die die ersten »Tick-Tacks« erzeugten – Geräusche, die entstanden, wenn der Gangregler im Rhythmus der Pendelschwingungen schrittweise freigeschaltet wurde. Aus Bruder Gerbert wurde später Papst Silvester II; seine Kreativität hinsichtlich der Uhren erwies sich als schmückendes Beiwerk.

Chroniken allerdings erwähnen die ersten mechanischen Uhren in Europa erstmals gegen Ende des 13. Jahrhunderts, doch erst im 14. Jahrhundert wird deutlich, dass Schlag- und Räderuhren Einzug in den Alltag gehalten hatten, zum Beispiel 1325 in der Kathedrale von Norwich und 1354 in der Kathedrale von Straßburg. Die Kathedrale von Salisbury kann auf die älteste mechanische Uhr (mit Gangregler und Spindelhemmung) aus dem Jahr 1386 verweisen, obwohl es dort vermutlich schon achtzig Jahre zuvor eine Kirchturmuhr anderer Art gegeben hat.

Diese und andere frühzeitliche Uhren mit Gangregler und Spindelhemmung machten durch Geräusche auf jede volle Stunde aufmerksam; sie besaßen keine Stunden- und Minutenzeiger. Die ersten Stundenzeiger ahmten den Schatten einer Sonnenuhr nach, und die Minutenzeiger wurden erst 1577 von Jost Burgi (1552–1632) erfunden, einem Schweizer Uhrmacher und Erfinder der Logarithmen. Sie waren Teil einer Uhr, die er für den dänischen Astronomen Tycho Brahe (1546–1601) gebaut hatte, der die genauesten astronomischen Beobachtungen der damaligen Zeit aufgezeichnet haben soll. Durch Hinzufügen des Minutenzeigers hoffte er, seine Methode der Sternenbeobachtung zu verbessern. Es gab jedoch Probleme mit dem neuen Zubehör und der Minutenzeiger wurde erst 1676, fast ein Jahrhundert später, offiziell eingeführt. Der Sekundenzeiger folgte kurz darauf im Jahr 1680.

Mit ihrem astronomischen Instrumentarium handelte es sich um technische Meisterwerke, doch Gangregler mit Spindelhemmung waren keine genauen Zeitmesser. Dennoch besaß dieser Mechanismus einen gewissen philosophischen Reiz, da der Gangregler einen hoch geschätzten, vielseitigen Wert repräsentierte: das Gleichmaß oder Gleichgewicht. Dieses war nicht nur bei der mechanischen Uhr, sondern auch für andere Lebensbereiche von Bedeutung, zum Beispiel für die Feier der Tagundnachtgleiche, wenn die Sonne senkrecht über dem Äquator steht; für die Gesundheit (physisch und psychologisch), die nach damaliger Auffassung als Gleichgewicht der vier Lebenssäfte definiert wurde, oder für die Vorstellung, dass jede unausgewogene Kraft eine Bedrohung darstellte. Gleichgewicht war, in welchem Sinn auch immer, kein stetiger

Zustand, sondern vielmehr das Ergebnis einer Schwingung, bei der eine Masse im Verlauf ihrer Existenz hin- und herpendelte.

Galileo Galilei (1564–1642) mag daran gedacht haben, als er 1583 eine Lampe im Dom zu Pisa hin- und herschwingen sah, die Frequenz der Ausschläge an seinem eigenen Puls maß und das fundamentale Gleichmaß eines sich bewegenden Pendels entdeckte. Die Idee, dieses Prinzip zum Zweck der Zeitmessung anzuwenden, scheint ihm zu diesem Zeitpunkt jedoch nicht gleich gekommen zu sein, denn es dauerte noch ein halbes Jahrhundert, bis er die erste Pendeluhr entwarf.

Die Geschichte legte allerdings mehr Gewicht auf seine Leistungen bei der Weiterentwicklung der mathematischen Berechnungen von Nikolaus Kopernikus, die einen Beweis für den Heliozentrismus lieferten und von der Inquisition als »Häresie« geahndet wurden. Nach der Veröffentlichung seines Werks *Dialog über die beiden hauptsächlichen Weltsysteme* (kopernikanisches und ptolemäisches) im Jahr 1632 wurden seine Ideen – einschließlich der Beobachtung, dass die Eklipsen der Jupitermonde einen universellen Zeitmesser darstellten – als Angriff auf die Heilige Schrift gebrandmarkt.

Er starb 1642, doch zu diesem Zeitpunkt hatte sich eine neue Welt eröffnet, hatte der Katholizismus durch die Reformation und durch Bibeln in Mundart Substanz eingebüßt und die Wissenschaft ihr klassisches Bündnis mit dem Seehandel erneuert.

Das Goldene Zeitalter der Entdeckungen

Gegen Ende des Achtzigjährigen Krieges zwischen den Niederlanden und Spanien (1568–1648) war ein großer Teil des Reichtums und der Talente aus der Umgebung Antwerpens nach Norden in Richtung Amsterdam abgewandert, und es begann eine Blütezeit, die als Goldenes Zeitalter bekannt wurde. Kartografie, Schiffbau und »Spekulationskapitalismus« (vor allem auf Seiten der 1602 gegründeten niederländischen Ostindien-Kompanie) förderten die Expeditionen berühmter Seefahrer wie Henry Hudson (1565–1611), Adrian Block (1567–1627) und Abel Tasman (1603–1659). Der in Übersee erlangte Wohlstand unterstützte die Künste von Malern wie Frans Hals (1580–1666), Johannes Vermeer (1632 – um 1675) und Rembrandt van Rijn (1606–1669), aber auch die etablierte Wissenschaft, in der René Descartes (1596–1650), Anton van Leeuwenhoek (1632–1723) und Christiaan Huygens (1629–1695) Zeichen setzten.

Auf dem Meer waren die Seefahrer in der Lage, ihre Nord- oder Südposition zu bestimmen (Breitengrad), indem sie den Winkel des Schiffsdecks zur Sonne maßen. Das sagte aber nichts über die Ost-West-Koordinate aus (geografische Länge), die 1493 endgültig zu einem internationalen Problem wurde, als Papst Alexander VI. (1430–1503) eine Demarkationslinie 100 Meilen westlich der Azoren festlegte. Damit wurden die noch zu entdeckenden Gebiete zwischen Spanien und Portugal aufgeteilt.

Um auch den Längengrad bestimmen zu können, hatte der niederländische Mathematiker und Astronom Gemma Frisius (1508–1555) als erster die Idee, einen Zeitmesser zu bauen. Anhand der Differenz zwischen der Abfahrtszeit von einem bekannten Meridian und der jeweiligen Lokalzeit (Schiffsuhr) während der Seereise ließ sich die geografische Länge bestimmen. Navigatoren konnten die geografische Länge in Grad, Minuten und Sekunden angeben, wenn sie zum einen die Lokalzeit und zum anderen den genauen Zeitpunkt der Messung des Vertikalwinkels von Sonne oder Polarstern auf dem primären Meridian kannten. Doch diese Zeitmesser, deren Funktion schon auf dem Festland durch Gangabweichungen von etlichen Minuten beeinträchtigt wurde, waren bei starkem Seegang kaum von Nutzen.

Christiaan Huygens brachte die Entwicklung entscheidend weiter. Er lebte in Den Haag von einer großzügigen Apanage seines Vaters und folgte seiner Neugierde auf verschiedene Schauplätze der Physik. 1658 veröffentlichte er sein Werk *Horologium*. Er beschrieb darin die Entdeckung, dass ein Pendel, am Ende eines Drahtes in fixierter Stellung aufgehängt, wesentlich genauere Ausschläge lieferte als der Gangregler. Er behielt die Spindelhemmung bei, aber durch das Pendel gingen Uhren nun bis auf wenige Sekunden am Tag genau, statt zuvor mehrere Minuten. Salomon Coster (1622–1659), ein Uhrmacher aus Den Haag, baute Huygens Mechanismus; ein Exemplar aus dem Jahr 1657 ist heute im Boerhaave Museum in Leyden ausgestellt.

Ganz gleich, ob Huygens eine Uhr bauen wollte, die so genau war, dass sich die geografische Länge damit bestimmen ließ, und daraufhin seine Pendelkonstruktion entwarf, oder ob es umgekehrt war – Gangregler und Spindelhemmung funktionierten nur unzureichend auf einem sich bewegenden Schiffsdeck. Eine Verbesserung kam mit der Erfindung der Ankerhemmung – einer Vorrichtung mit zwei Armen, die in hakenförmigen Paletten enden; sie greifen in die Verzahnung des Gangrads ein und sorgen dafür, dass das Uhrwerk in exakten Schritten läuft. Der Vorteil gegenüber der Spindelhemmung besteht darin, dass die Ankerhemmung auch bei wesentlich kleineren Ausschlägen des Pendelns funktioniert. Sie könnte von »Englands Leonardo« stammen, dem ebenso rätselhaften wie genialen Mathematiker und Physiker Robert Hooke (1635–1703), aber es war eine andere Erfindung von ihm – die Spiralrolle aus dem Jahr 1658 – die letztendlich das Problem eines seetauglichen Zeitmessers für die Bestimmung der geografischen Länge löste.

Hookes Spiralrolle wurzelte in seiner Beschäftigung mit dem Phänomen der Elastizität. Der zusammengerollte dünne Metallstreifen stellte zusammen mit der Unruh (eine viel ältere Form, die Drehbewegungen ermöglicht) ein schwingungsfähiges Gebilde dar. Dadurch erübrigten sich Pendel oder Foliot und die Gangabweichung wurde auf wenige Sekunden am Tag verbessert. Im Zuge dieser Entwicklung machte Hooke die Bekanntschaft von Thomas Tompion (1639–1713), der in London qualitativ hochwertige Uhren herstellte (die unmittelbar von der Spiralrollen-Mechanik profitierten); die beiden – Hooke, der Wissenschaftler, und Tompion, der Instrumentenbauer – trugen 1675 gemeinsam zum Aufbau des Royal Observatory in Greenwich bei. Hooke arbeitete in der Folgezeit mit dem Baumeister Sir Christopher Wren (1632–1723) zusammen, und Tompion lieferte zwei neue Uhren mit 13-Grad-Pendeln. Diese schwingenden Gewichte wurden als Taktgeber verwendet. Jedoch war die Möglichkeit, die Zeit exakt zu takten, davon abhängig, dass die Uhr sich in Ruhestellung befand – jede Bewegung oder Beschleunigung verursachte Vibrationen des Pendels, was zu Ungenauigkeiten führte. Folglich war es notwendig, zusätzliche Mechanismen einzubauen, um die Zeitmesser herumtragen zu können.

So wurde Richard Towneleys (1629–1707) ruhereibende Hemmung (die den Rücklaufeffekt des Pendels auf dem Hemmungsrad ausglich) eingebaut. Frühere Hemmungen ließen das Pendel weit ausschwingen, was zu Ungenauigkeiten führte. Spätere Mechanismen sorgten für geringere Pendelbewegungen und machten längere und langsamere Pendel möglich, die mit weniger Energieaufwand betrieben werden konnten. Bei früheren Modellen erzeugte das Zurückschieben des Hemmungsrades bei jeder Pendelbewegung zudem einen Rückstoß, der die Pendelbewegung unterbrach. Dies verursachte nicht nur besagte Ungenauigkeiten, sondern führte auch zu starken Abnutzungserscheinungen und einem Verschleiß des Mechanismus'. Die ruhereibende Hemmung dagegen beinhaltete eine gekrümmte Sicherung, die keinen Rückstoß verursachte. Somit liefen die Uhren ruhiger und waren länger funktionsfähig. Sie zeigten die Zeit am genauesten an und mussten nur einmal im Jahr aufgezogen werden.

Das Längengradproblem

Doch auch mit Tompions Uhren, die zur Einführung der Nullmeridian-Zeit für die Berechnung der geografischen Länge führten, konnten die Längengrade nicht bestimmt werden. 1714 lobte das englische Parlament Preisgelder für brauchbare Lösungen des Längenproblems aus und setzte eine sogenannte Längenkommission (*Board of Longitude*) ein, die sich mit der Überwachung der Ausschreibung befasste. Der höchste Betrag sollte an die Person gehen, der als Erstes eine exakte Längenbestimmung auf hoher See gelang. Es war freilich nicht das erste Mal, dass Leistungsanreize für einen Weg aus dem Dilemma geboten wurden. Schon im Jahr 1567 hatte Philipp II. von Spanien (1527–1598) eine Belohnung für die Lösung des Längenproblems ausgesetzt, die jedoch nicht beansprucht werden konnte, und 1598 von Philipp III. von Spanien aufgestockt wurde. Holland hatte 1636 ebenfalls mit monetären Anreizen gelockt und König Ludwig XIV. von Frankreich (1638–1715) hatte 1666 die *Académie Royale des Sciences* gegründet, die sich unter anderem zum Ziel setzte, Fortschritte im Bereich Kartografie und Navigation zu verzeichnen.
Im englischen Preissystem hing die Höhe des Preisgeldes von der Genauigkeit in Seemeilen ab, mit der die Position be-

stimmt werden konnte – die Höchstgrenze lag bei 20 000 Pfund (für eine Abweichung von weniger als 30 Seemeilen). Das entsprach einigen Millionen Euro in heutiger Währung und rief daher beträchtliches Interesse hervor. Die meisten astronomischen Koryphäen gingen davon aus, dass die Lösung in der Sternenbeobachtung zu finden sei, denn selbst die besten Uhren konnten nicht lange mit der Sternzeit – der exakten Zeitspanne von 23 Stunden, 56 Minuten, 4 Sekunden, die ein Stern braucht, um an einem vollen Tag wieder die gleiche Position zu erreichen, wobei er der stetigen Erdrotation von 15 Grad pro Stunde folgt – mithalten. (Mehr zur Bestimmung des Längengrads mittels Sternbeobachtung ab S. 71.) Im *Royal Observatory* war eine von Tompions Uhren auf die Greenwich-Zeit (24 Stunden) und die andere auf die Sternzeit eingestellt (die entsprechend den Sonnen- und Polarstern-messungen rekalibriert wurde).

Ironischerweise stammte die preisgekrönte Lösung des Längenproblems nicht von einem renommierten Wissenschaftler oder erfahrenen Instrumentenbauer, sondern von dem Quereinsteiger John Harrison (1693–1776), einem Zimmermann aus Yorkshire. Er hatte vierzig Jahre mit verschiedenen Modellen experimentiert und behauptete, dass der von ihm entwickelte Zeitmesser auch auf dem Meer hervorragend funktionierte. Harrison, der Uhren mit Holzräderwerken als Nebenerwerb seines Zimmermannshandwerks gebaut und repariert hatte, zeichnete Konstruktionspläne für einen Marinechronometer, der statt eines Pendels zwei miteinander verbundene Spiralrollen und eine Bimetall-Unruh besaß, um Temperaturschwankungen auszugleichen. 1730 brachte er diesen Entwurf zu Edmund Halley (1656–1742) vom *Royal Observatory*. Halley schlug vor, sich an den Londoner Uhrmacher George Graham (1674–1751) zu wenden, der der Konstruktion eine gute Chance einräumte und Harrison am Ende das Geld für den Bau seines Modells lieh – ein Unterfangen, das fünf Jahre beanspruchte. Er testete es 1736 bei einer Seereise nach Portugal, mit guten Ergebnissen, – die der Längenkommission ausreichten, um ihm im Jahr 1741 aus dem Fundus 250 Pfund für den Bau einer strapazierfähigeren Uhr zu bewilligen. Das zweite Modell wies einen Konstruktionsfehler auf – die Unruh konnte das Schlingern des Schiffes nicht ausgleichen – aber mit einem weiteren Zuschuss der Längenkommission machte er sich daran, das Problem zu beseitigen: Er führte ein Rollenlager ein, das die Reibung im Mechanismus verringerte. Doch selbst mit diesen Verbesserungen hatten weder die Längenkommission noch Harrison selbst das Gefühl, dass sein Marinechronometer die gewünschte Ganggenauigkeit besaß. Er nahm vielmehr an, dass die Antwort in einer völlig anderen Konstruktion lag – einer Art Taschenuhr.

1753 beauftragte Harrison den Londoner Uhrmacher und Juwelier John Jeffereys mit dem Bau eines taschengroßen Marinechronometers, der eine hochfrequente Unruh und ein Steinlager besaß. Acht Jahre später wurde dieses vierte Modell erstmals auf dem Meer erprobt – mit einer Gangabweichung von nur 5,1 Sekunden während der 62 Tage dauernden Reise nach Jamaika. Bei einem zweiten Test auf dem Meer betrug die Abweichung 39,2 Sekunden im Verlauf einer 47-tägigen Fahrt nach Jamaika. Selbst dies war immer noch genau genug, um Harrison für das Preisgeld von 20 000 Pfund zu qualifizieren. Er reichte seinen Entwurf 1761 ein, musste jedoch um sein Recht kämpfen, da die Kommission skeptisch reagierte, ob es sich hier tatsächlich um die endgültige Lösung des Längenproblems handelte; sie zögerte die Entscheidung heraus, bis König George III. zu Harrisons Gunsten intervenierte. Zwölf Jahre später, im Juni 1773, wurden Harrison schließlich, kurz nach seinem achtzigsten Geburtstag, 8750 Pfund zuerkannt.

1775 begab sich Kapitän James Cook (1728–1778) auf eine dreijährige Seereise rund um die Welt; er nahm einen nach Harrisons viertem Modell gebauten Marinechronometer im Taschenuhr-Format mit, der eine Gangabweichung von nur acht Sekunden täglich von den Tropen bis zum Rande der Antarktis aufwies. Harrison hatte das Längenproblem tatsächlich gelöst. Seine ersten drei Modelle, die immer noch laufen, befinden sich im *National Maritime Museum* des *Royal Observatory* in Greenwich. Nummer 4 ist dort ebenfalls aufbewahrt, wurde aber angehalten. Die *Worshipful Company of Clockmakers* in London hat ein fünftes Modell in ihrem Zunfthaus ausgestellt und möglicherweise gibt es irgendwo noch ein sechstes, nach Harrisons Konstruktionsplänen gefertigtes Modell, das darauf wartet, entdeckt zu werden.

Harrisons Leistung geht über die Lösung eines Problems hinaus, das die Wissenschaft der damaligen Zeit beschäftigte. Sie markiert das Ende der Zeitmessungen, die nur dazu dienten, spirituellen und intellektuellen Bedürfnissen Rechnung zu tragen, und den Beginn der »bemessenen« Zeit im Alltag der Menschen. Die Ganggenauigkeit der mechanischen Uhr reichte aus, sodass die Zeit aufhörte, dem Menschen Rätsel aufzugeben und wie ein Wunderwerk bestaunt zu werden. Mit der Industriellen Revolution wurden am Fließband entstandene Uhren zu Massenprodukten. Uhrmacher, vor allem in Connecticut, bauten Anfang des 19. Jahrhunderts billige Uhren mit Holzräderwerk und entdeckten bald, dass sie austauschbare Teile aus gestanztem Messing verwenden konnten, um die Uhren noch kostengünstiger herzustellen. Schweizer Uhrmacher schufen nach gleichem Muster Taschenuhren, die in der europäischen Mittelschicht gang und gäbe wurden.

Mehr als nur Zeitmesser

Mit zunehmender Präsenz übernahmen die Uhren zusätzliche Funktionen, signalisierten beispielsweise als Stoppuhr Anfang und Ende einer Aktivität oder wurden als Wecker genutzt. Obwohl die alten Griechen bereits um 250 vor Christus einen »Vorläufer« des Weckers erfunden hatten – mit steigendem Wasserpegel, der nach Ablauf einer bestimmten Zeit einen mechanischen Vogel erreichte, woraufhin dieser ein unüberhörbares Kreischen von sich gab – wurde der erste mechanische Wecker erst 1787 von dem amerikanischen Erfinder Levi Hutchins (1761–1855) gebaut, der offenbar Probleme hatte, rechtzeitig zur Arbeit zu kommen. Obwohl die mechanische Version bedeutend praktischer war als die Wasserpegel-Konstruktion, hatte der erste mechanische Prototyp einen großen Nachteil: Er läutete nur um 4 Uhr morgens.

1876, annähernd ein Jahrhundert später, meldete Seth Thomas (1785–1859), ein amerikanischer Uhrmacher, das erste Patent für einen mechanischen, aufziehbaren Wecker an, der auf jede beliebige Zeit gestellt werden konnte. Wecker trugen in der Folgezeit in hohem Maß dazu bei, verlässliche Parameter für die gesamte Gesellschaft einzuführen; sie synchronisierten Aktivitäten und ermöglichten eine größere Vorhersehbarkeit des Tempos und Ablaufs bestimmter Ereignisse. Der Eisenbahnbau trieb diese Entwicklung mit der Einführung von Fahrplänen und einheitlichen Zeitzonen voran, einem Konzept, das der in Schottland geborene und in Kanada lebende Eisenbahningenieur und Erfinder Sir Sandford Fleming (1827–1915) als Erster vorstellte, um die Ungenauigkeiten in den Fahrplänen zu beseitigen, die durch Verwendung der unterschiedlichen Lokalzeiten entstanden. Bis zu diesem Zeitpunkt orientierte sich die Welt für die Errechnung der Ortszeit am Sonnenstand, was lokal begrenzt gut funktionierte, aber ein Chaos bei der Koordination der Ankunfts- und Abfahrtzeiten zwischen weit entfernten Stationen verursachte.

Um die Probleme der Zeitabweichungen zu meistern, gewöhnten sich die Reisenden an, mehrere Taschenuhren mitzunehmen, eingestellt auf die Zeit am jeweiligen Zielort. Flemings ursprünglicher Vorschlag, eine Weltuhr einzuführen, die lokale Zeitrechnungen ersetzte, scheiterte am Widerstand der Regierungen und Wissenschaftler, die darin einen Eingriff in die Natur und einen gegen Gott gerichteten Akt sahen. Doch Flemings Hartnäckigkeit siegte zumindest so weit, dass am 1. Januar 1885 offiziell die Standardzeit in Kraft gesetzt wurde. Und da viele Menschen inzwischen nach und mit der Uhr lebten, wurde das Zeitbewusstsein Bestandteil aller urbanen industriellen Gemeinschaften und Länder.

Messungen, die verbindliche Aussagen über Jahr, Monat, Tag, Stunde und Sekunde machten, fassten die Frühzeit zu einer einzigen spektakulären Epoche zusammen. Was folgte und uns in die Gegenwart brachte, ist die moderne Zeit, in der bei einer Vielzahl von Aktivitäten oft Bruchteile von Sekunden zählen, gleich ob es sich um einen sportlichen Wettbewerb oder die Spaltung von Atomen handelt.

Tempus fugit: Moderne Zeiten

»Meine Mutter machte aus mir einen Wissenschaftler ohne es je zu wollen. Jede andere jüdische Mutter in Brooklyn hätte gefragt: ›Hast du heute etwas gelernt?‹. Aber nicht meine Mutter . ›Izzy‹, sagte sie, ›hast du heute eine gute Frage gestellt?‹ Dieser Unterschied – gute Fragen zu stellen – bewog mich, Wissenschaftler zu werden.«

Isaak Isidor Rabi, Nobelpreisträger für Physik

Am 7. Oktober 2007 gewann der 29-jährige Kenianer Patrick Ivuti den Marathonlauf in Chicago; für die 41,195 Kilometer lange Strecke brauchte er 2 Stunden, 11 Minuten und 11:00 Sekunden. Er verfehlte den Weltrekord, den der äthiopische Läufer Haile Gebreselassie eine Woche zuvor beim Berlin-Marathon aufgestellt hatte, um knapp 7 Minuten. Dennoch war der Sieg eindeutig, verglichen mit der Zeit des Zweitplatzierten, der 2 Stunden, 11 Minuten und 11:05 benötigte, um ins Ziel zu gelangen. Fünf Hundertstel Sekunden – weniger als ein Herzschlag oder ein Blinzeln – trennten die beiden Konkurrenten. Der Abstand war gleichwohl größer als der Unterschied von einer Hundertstel Sekunde zwischen dem Schweden Thomas Wasserberg (41 Minuten, 57:63 Sekunden) und dem Finnen Juha Mieto (41 Minuten, 57:64 Sekunden), der die beiden 1980 bei den Olympischen Winterspielen von Lake Placid beim Skilanglauf über eine Distanz von 15 Kilometern trennte.

Wettbewerbe aller Art – zu Fuß, zu Pferde, mit Autos, Booten oder Flugzeugen – schufen im 20. Jahrhundert eine breitere Basis für das Bedürfnis, die Zeit im Bruchteil von Sekunden zu messen und aufzuzeichnen. 1960 hielten bei den Olympischen Spielen erstmals elektronische Zeitnehmer die »offiziellen« Ergebnisse fest (in Hundertstelsekunden). Im selben Jahr ratifizierte die elfte *Generalkonferenz für Maße und Gewichte* die Definition einer Sekunde als »den Bruchteil 1/31 556 925 9747 des tropischen Jahres für 0. Januar 1900 um 12 Uhr Ephemeridenzeit«. Die merkwürdig anmutende Rechnung war der ultimative Ausdruck der astronomischen Zeitrechnung, die in der klassischen Antike begonnen hatte und bis weit ins 20. Jahrhundert Gültigkeit behalten sollte.

Es waren Astronomen, die im letzten Jahr des 12. Jahrhunderts das Konzept der Sekunde entwickelt hatten. Dennoch dauerte es noch viereinhalb Jahrhunderte, bevor es Uhren gab, die Sekunden anzeigten. Mit zunehmender Genauigkeit enthüllten die mechanischen Zeitmesser allerdings die Unzuverlässigkeit astronomischer Phänomene. Der dänische Mathematiker und Astronom Ole Rømer (1644–1710) stellte 1671 fest, dass die Zeitabstände zwischen den Eklipsen des Jupitermondes Io zwanzig Minuten kürzer waren, wenn die Erde Jupiter in größerer Nähe umkreiste, als wenn sich die beiden Gestirne auseinander bewegten. Da die Umlaufbahnen der Planeten feste Größen waren, nahm er an, dass die Zeitdifferenz die unterschiedliche Entfernung widerspiegelte, die das Licht zurücklegen musste. Durch diese Entdeckung wurde es zum ersten Mal möglich, die Ausbreitungsgeschwindigkeit des Lichts zu berechnen. Im Jahr 1710, kurz vor Rømers Tod, schätzten mehrere Mathematiker, dass die Lichtgeschwindigkeit etwa 220 000 km/s betrug; 1926 wurde sie mit 299 796 km/s neu beziffert, und heute wird sie mit 299 792, 458 km/s (Vakuumlichtgeschwindigkeit) angegeben. Zu Beginn des 20. Jahrhunderts gingen Philosophen und Physiker davon aus, dass die Zeit auf einer absoluten Basis beruhte – einer Konstante, der Lichtgeschwindigkeit. Doch schon damals regten sich bei einigen Physikern, unter anderem bei dem Österreicher Ernst Mach (1838–1916), Zweifel an gleich welcher »absoluten« Größe. Sie erklärten, die Zeit sei genau wie die Masse oder die Geschwindigkeit ein relativer Begriff. Albert Einstein (1879–1955) führte diesen Gedankengang fort. In einer Reihe von Artikeln, erläuterte er die Quantentheorie des Lichts und führte das Konzept einer vierten Dimension – die Raumzeit – in seiner Speziellen Relativitätstheorie ein. Er erklärte, dass die Lichtgeschwindigkeit im Quadrat multipliziert mit der Masse die Gesamtenergie ergibt – also $E = mc^2$. Das bedeutete unter anderem, dass eine verhältnismäßig geringe Menge eines energiereichen Materials, zum Beispiel ein Gramm spaltbares Uran, ein gewaltiges Energiepotenzial besitzt, das ungefähr 21,5 Kilotonnen des Sprengstoffs TNT entspricht.

Das Zeitalter der Atomuhren

Am 16. Juli 1945 um 5 Uhr 29 Minuten und 45 Sekunden (Mountain Daylight-Saving Time, MDT) läutete Einsteins simple, auf einer Zeitrechnung basierende Gleichung in Los Alamos, New Mexico, den Beginn des Atomzeitalters ein: die erste Kernwaffenexplosion der Geschichte. Nur wenige Monate zuvor hatte Isidor Rabi (1898–1988), einer der Mitarbeiter am *Manhattan Projekt*, mit seiner Resonanzmethode zur Aufzeichnung der magnetischen Eigenschaften des Atomkerns den Nobelpreis für Physik des Jahres 1944 gewonnen. Mit diesem Verfahren lässt sich die extrem kurze Schwingung von Atomen in einem magnetischen Feld aufspüren, wenn diese durch radiofrequente Strahlung aktiviert wurden. Im Grunde genommen handelte es sich um eine Weiterentwicklung der Beobachtung des Piezoeffekts, den Pierre Curie (1859–1906) und sein Bruder Paul-Jacques (1856–1941) 1880 entdeckt hatten. Der Mineraloge Paul-Jacques und der Physiker Pierre hatten herausgefunden, dass bei Anlegen einer elektrischen Spannung Quartz und bestimmte andere Mineralien oszillierten (vibrierten) und wie das Pendel einer Uhr in mechanische Schwingungen mit einigen Millionen Zyklen pro Sekunde versetzt werden konnten. Aufbauend auf der Arbeit der Curie-Brüder legte Rabis Arbeit den intellektuellen Grundstein für Atomuhr (Uhren, die die atomare Resonanzfrequenz als Standard für die Berechung der Zeit verwenden) und Lasertechnologie (Lichtverstärkung durch induzierte Emission von Strahlen). Rabis Kollege Norman Ramsey (*1915) von der Physik-Abteilung der Columbia University entwickelte 1949 mit dem Wasserstoff-Maser (Mikrowellenverstärkung durch induzierte Emission) eine Methode, zwei oszillierende Felder zu aktivieren (und damit eine entsprechende Strahlungsquelle für den Mikrowellenbereich). Kurz darauf (1952) führten Wissenschaftler des *US National Bureau of Standards* (für Standardisierungsprozesse zuständig) zum ersten Mal eine genaue Messung von Caesium als Resonanzuhr durch, aber diese Version war sowohl unpraktisch als auch ungenau. Doch die Zeitmessung mit Caesium als Atomindikator erwies sich schließlich doch als tragfähige Lösung. 1955 entstand ein verlässlicheres Modell; es basierte auf der spezifischen Umwandlung des Caesium-133-Atoms, besaß integrierte Quarzkristalloszillatoren für die Zeitkalibrierung und wurde von dem englischen Physiker Louis Essen (1908–1997) in Zusammenarbeit mit Jack Perry konstruiert. Dieses Modell wurde vom *National Physical Laboratory* in Großbritannien eingeführt. Dass es brauchbar war, zeigt sich auch am international übernommenen Spitznamen »Atomzeit«.

Atomuhren messen Oszillationsfrequenzen energetisch aufgeladener Atome, um die Sekunde zu definieren. Diese wiederum setzt dann Minuten, Stunden, Tage, Jahre etc. fest. Eines der Elemente, die in Atomuhren verwendet werden, ist das Caesium. In sogenannten Elektronenstrahlrohren entweicht verdampftes Caesium durch ein Loch, der Partikelstrahl wird dabei einem elektromagnetischen Feld ausgesetzt. Dieses zerteilt den Strahl in zwei Ströme: in Partikel mit niedrigem Energiefeld und in solche mit höherer Energie. Erstere fliegen durch einen U-förmigen Abschnitt der Röhre, in dem sie mithilfe von Mikrowellenbestrahlung auf einen höheren energetischen Zustand gebracht werden. Dann passieren sie ein weiteres elektromagnetisches Feld, das nochmals die höherenergetischen Partikel abtrennt. Diese treffen dann auf einen heißen, ionisierenden Draht. Ein Massenspektrometer lenkt die gereinigten, hochenergetischen Caesiumatome zu einem Quarzkristalloszillator.

Seit ihrer Erfindung haben Caesium-Atomuhren eine zentrale Rolle in zahlreichen wissenschaftlichen und technologischen Anwendungen gespielt, die ohne diese Uhren nicht funktionieren würden. Heute werden diese ohnehin schon komplizierten Uhren immer komplexer. Zu den genauesten gehören diejenigen, die sich auf die Absorptions-Spektroskopie stützen. Sie umfassen eine Vielzahl von Techniken und Verfahren, die sich die Wechselwirkung zwischen elektromagnetischer Strahlung und Materie, die kalten Atome in Atomfontänen, zunutze machen.

Mit diesen und anderen Verbesserungen sind Atomuhren heute in der Lage, die Zeit mit einer Gangabweichung von einer Sekunde in zwanzig Millionen Jahren zu messen, und die Definition einer Sekunde wird seit der 13. *Generalkonferenz für Maß und Gewicht* im Jahr 1967 definiert als »das 9 192 631 770-fache der Periodendauer der Strahlung, die dem Übergang zwischen den beiden Hyperfeinstrukturniveaus des Grundzustands von Atomen des Nukleids 133 Cs – also dem

Übergang zwischen zwei Energieebenen des Atoms – entspricht. Die extrem feine Spaltung des Caesium-133-Atoms in seinen Grundzustand entspricht exakt einer Frequenz von 9 192 631 770 Hertz.

Obwohl die Einheiten, in die wir einen Tag einteilen, völlig willkürlich sind, ist das Phänomen, das wir ausgewählt haben, die Einheiten zu repräsentieren, eine Konstante. Die Vibration des Caesium-133-Atoms wird als unveränderlich angesehen und ist somit eine exakte Möglichkeit, eine Sekunde zu messen.

Die Atomuhr ist eines der genauesten Messinstrumente, die es gibt. Ihre Ganggenauigkeit wird durch eine Atomresonanzfrequenz gewährleistet. Solche Zeitmesser finden heute immer mehr Anwendungen; sie sind unverzichtbarer Bestandteil vieler Messtechniken, in der Synchronisation von Telekommunikationsnetzen und vor allem im Bereich der Navigation. Sie dienen als Kernelement des GPS-Systems (Globales Positionsbestimmungssystem) und befinden sich sowohl in jeder Bodenstation als auch in jedem zur GPS-Struktur gehörenden Satelliten. Atomuhren werden außerdem beim Funknavigationssystem LORAN und Alpha Navigations System verwendet.

Unvorstellbar groß und unvorstellbar klein

In der Grundlagen- und Technologieforschung allerdings ist die Sekunde ein gigantischer Zeitrahmen. Hier sind kleinere Zeiteinheiten unerlässlich: beispielsweise die Millisekunde (1/1000stel), um die Übertragungszeit für Internet-Datenpakete zu messen, und die Nanosekunde (1/1 000 000 000stel) für die Zugriffszeit auf den Speicher des Computers. Die Attosekunde (1/1 000 000 000 000 000 000stel) ist die derzeit kleinste messbare Zeiteinheit. Das kürzeste, jemals aufgezeichnete Zeitintervall sind 100 Attosekunden. Es wurde gemessen, als Physiker der *Technischen Universität Wien* 2004 extremes ultraviolettes Licht benutzten, um Atome zu aktivieren und damit die Freisetzung von Elektronen für tomographische Bilder auszulösen. Um sich die Größenordnung besser vorstellen zu können: Die Anzahl der Attosekunden, aus der eine Sekunde besteht, ist größer als die Anzahl der Sekunden, die seit dem »Urknall«, der Geburtsstunde des Universums vergangen sind. Die kürzeste theoretische Zeitmessung ist jedoch die Planck-Einheit, die 1/100 000 000 000 000 000 000 000 000stel einer Attosekunde beträgt.

Am anderen Ende der Skala muss die Zeitmessung heute Geschwindigkeiten erfassen, die schneller sind als das Licht. Das gespenstische blaue Leuchten im Innern eines Kernreaktors geht von der Cerenkov-Strahlung aus; hier passieren Elektronen, die schneller als das Licht sind, einen Isolator und lösen eine photonische Schockwelle aus. Physiker haben Laserstrahlen aufgezeichnet, die extrem kurze Entfernungen mit dreihundertfacher Lichtgeschwindigkeit zurücklegen. Was in früheren Zeiten Wissenschaftlern unmöglich schien, ist heute nachweisbar. Dabei wurde das Konzept von einer Zeit, die schneller ist als das Licht, lange nur von Science-Fiction-Autoren als Möglichkeit verwendet, um Reisen zu fernen Galaxien heraufzubeschwören. Welche Wunder und Herausforderungen die Zukunft der Zeitmessung bereithält, wird sich wohl auch erst im Lauf der Zeit zeigen.

Vom Mythos zur Metrik

Die Entwicklung der Kartografie

»Der Mensch ist ein außerordentliches Geschöpf. Er verfügt über eine Reihe von Gaben, die ihn einzigartig machen unter den Tieren: So ist er anders als diese nicht eine Figur in der Landschaft – er ist Gestalter der Landschaft. In Körper und Geiste ist er Naturforscher, das universelle Tier, das auf jedem Kontinent nicht Heimat gefunden, sondern Heimat geschaffen hat.«

Der Aufstieg des Menschen; BBC-Dokumentation

Noch bevor das geschriebene Wort existierte, griff der Mensch zu verschiedenen Methoden der Kartografie, um die physische Welt zu vermessen. Vor der Entstehung der ersten Karten war das Gefühl für Entfernungen philosophisch ausgerichtet und leistete der Mythenbildung Vorschub. Sobald die ersten geografischen Karten mit zunehmend genauen Darstellungen auftauchten, schwanden Staunen und Angst vor den Gefahren einer unbekannten Welt, die sich hinter dem Horizont verbarg. Allerdings eröffneten sich durch die Entmystifizierung Möglichkeiten für die Entstehung neuer, anders gearteter Legenden.

Karten bieten ein Instrumentarium, das zum einen der Aufklärung und Darstellung von Sachverhalten und zum anderen der Navigation auf unserem Planeten und darüber hinaus dient. Oft bieten sie zusätzlich und unbeabsichtigt Einblicke in chronologische Zusammenhänge der sich fortlaufend weiterentwickelnden Erde. Im Lauf der Geschichte wurden immer wieder Karten verwendet, um Messungen und Informationen über Himmel, Meer, Land und die menschliche Zivilisation festzuhalten – angefangen bei den uralten Felszeichnungen, die an den Wänden der ersten Höhlenbehausungen gefunden wurden, bis hin zu späteren Versionen aus Babylon, Griechenland oder Asien, aus dem Zeitalter der Entdeckungen und unserer heutigen Zeit.

Obwohl Satelliten und Computer inzwischen imstande sind, uns über Meer, Land und durch die Lüfte ins Weltall zu geleiten, ohne dass wir auch nur einen flüchtigen Blick auf die gedruckte Version einer Karte werfen müssten, haben solche technologischen Neuerungen den Nutzen der Kartografie nicht geschmälert, sondern spiegeln vielmehr den Stand des Wissens und das wachsende Bewusstsein jedes Zeitalters wider. Bisweilen benutzt, um zu inspirieren oder Pläne zu vereiteln, untermauerten die Genauigkeiten, aber auch die Ungenauigkeiten und Fehlinterpretationen von Karten die jeweils gängigen Annahmen bezüglich der jeweiligen sozialen Ordnung einer Gesellschaft. Gleichzeitig gaben die Karten Aufschluss über die philosophischen Betrachtungen hinsichtlich der Position des Menschen in seinem klar begrenzten Universum.

Wann genau die erste geografische Karte entstand, ist unbekannt; zu den ersten, noch heute existierenden Exemplaren gehört die Himmelsdarstellung an den Wänden der Höhlen von Lascaux, die auf ca. 16 500 vor Christus zurückdatiert wird. Hier findet man eine Reihe von Punkten, die zweifellos einer Teilansicht des Nachthimmels mit den drei hellen Sternen *Vega* (Sternbild Leier), *Deneb* (Sternbild Schwan) und *Altair* (Sternbild Adler) entspricht; sie bilden gemeinsam mit dem Sternhaufen der *Plejaden*, auch Siebengestirn genannt, das Sommerdreieck. Der Wunsch der Höhlenbewohner, diese Konstellation in einer »Chronik« festzuhalten und zu veranschaulichen, ist verständlich, da eine so spektakuläre Sternenformation wie das Sommerdreieck ihre Aufmerksamkeit und Fantasie gefesselt haben muss und außerdem zu den klar erkennbaren visuellen Markierungen am Himmel gehörte. Die Plejaden, die teilweise von einem ätherischen silbergrauen Schein umgeben sind (zurückzuführen auf das Sternenlicht, das von interstellarem Staub reflektiert wird), stellen eine besonders augenfällige Konstellation dar. Ihre rätselhaften Eigenschaften lösten zahlreiche Spekulationen aus, was ihnen eine bedeutende Stellung in der frühgeschichtlichen Mythologie verschaffte.

Auf späteren Felszeichnungen, die auf ca. 12 000 vor Christus datiert werden und aus der Höhle *El Castillo* in Nord-Spanien stammen, war der Blick ebenfalls in den Himmel gerichtet; sie stellen den halbkreisförmigen Bogen der *Corona Borealis* dar, einem kleinen, anmutigen Sternbild in der nördlichen Hemisphäre, das auch als Nördliche Krone bezeichnet wird.

Während die ersten Karten himmelwärts wiesen, wurden Phänomene und Sachverhalte auf Karten, die die Erde abbildeten, aus der umgekehrten Perspektive dargestellt. Eine frühe Wandzeichnung aus dem 7. Jahrhundert vor Christus zeigt einen urbanen Bereich in der heutigen türkischen Region Anatolien. Sie ist eine der ersten Karten mit Draufsicht, möglicherweise inspiriert durch die eng zusammenstehenden Gebäude, die damals für die Region typisch waren; man betrat die Häuser über das Flachdach, wobei sich den Bewohnern ein Blick aus der Vogelperspektive bot. Diese Gewohnheit wurde beibehalten und noch heute sehen die meisten Karten aus, als würde man von einem erhöhten Standort hinunterblicken.

Landkarten aus dem alten Babylonien, einem Staat im Süden Mesopotamiens (dem heutigen Irak), lassen bereits erstaunlich präzise Landvermessungstechniken erkennen. Flüsse sind durch Linien gekennzeichnet, Berge durch überlappende

Halbkreise, Städte durch Kreise und Landparzellen sind in Iku angegeben, einer Maßeinheit, die zur damaligen Zeit in dieser Region üblich war. Dabei liegt es auf der Hand, warum die ersten Maßsysteme viel Spielraum für Deutungen ließen. Ein Iku entsprach beispielsweise 100 Sar (landwirtschaftliche Parzellen). Die Definition eines Sar entsprach wiederum einem Quadrat-Ninda, einem Stück Land, das von einem Graben oder Kanal umgrenzt wurde. Die Interpretation der Messformen für solche und andere Areale wurde erschwert, weil die »Standardmaße« nur ungefähre Angaben waren und sich zudem nach der Zugehörigkeit zu bestimmten Orten, Familien, Stämmen, Berufen oder Handelsbeziehungen richteten. Als sich Handel und Landerwerb zwischen den Staaten und darüber hinaus allmählich ausweiteten, führten diese Diskrepanzen in den Maßeinheiten zu einer kollektiven Verwirrung, die Forderungen nach allgemein gültigen Standards laut werden ließ.

Zur Zeit der alten Griechen wendeten die Kartografen erstmals eine mathematisch ausgerichtete, teilweise durch eigene, auf wagemutigen Erkundungsfahrten gewonnenen Beobachtungen unterlegte Methode an. Diese Fahrten waren jedoch ohne verlässliches Kartenmaterial und andere Instrumente als Orientierungshilfen von begrenztem Erfolg.

In dieser Periode wuchs auch das Interesse an der Position der Erde im Universum. Anaximander von Milet (um 610–546 v. Chr.), von dem einer der ersten Prototypen der Sonnenuhr stammen soll, war vermutlich einer der ersten Griechen, die sich an einer Weltkarte versuchten. Milet, eine Stadt in Kleinasien, war für seine Denker berühmt, und daher überrascht es wohl nicht, dass hier möglicherweise die ersten Theorien über die Struktur der Welt dokumentiert wurden. Obwohl die Karte nicht mehr existiert, war Anaximander, ein Schüler des griechischen Philosophen Thales von Milet (um 625–545 v.

Chr.) – der als Begründer der Geometrie und abstrakten Astronomie gilt – offenbar überzeugt, dass die Erde eine zylindrische Form besaß und vertikal im Kosmos schwebte, wobei sich die Bewohner auf der flachen runden Scheibe an der Oberseite des Zylinders zusammendrängten. Eine Karte, die fünfzig Jahre später von Hacataeus von Milet (550–475 v. Chr.) gezeichnet wurde und Bezug auf das Modell von Anaximander nahm, gibt Aufschluss über die Vorläufer-Version und die allgemeinen kartografischen Fähigkeiten in der damaligen Zeit. Die Karte stellt die Welt in Übereinstimmung mit der vorherigen Theorie als runde Scheibe dar, auf der die Landmasse von einem breiten Wassergürtel umgeben ist, mit Griechenland in der Mitte, damals eine weithin akzeptierte, aus den homerischen Versen abgeleitete Anschauung. Es war keineswegs ungewöhnlich, dass die Karten der damaligen Zeit die kulturellen Voreingenommenheiten ihrer Hersteller widerspiegelten. Frühgeschichtliche Karten aus Indien zeigen eine Welt, die den mystischen Berg Mehru umgibt, während christliche Karten häufig Jerusalem als Mittelpunkt vermerkten. Bei den ersten chinesischen Karten war der Himmel oft das zentrale Thema und ein Spiegelbild der Ereignisse, die das Reich der Mitte überfluteten. Wie bei vielen Karten der Antike fehlte auch hier ein Maßstab, und die primären Messindikatoren sind in »Tagesmärschen« und für Wasser in »Tagesfahrten« angegeben.

Dass der Planet Erde zur Zeit der alten Griechen als flach galt, ist verständlich. In dieser Zeit gab es weder mathematische noch andere verlässliche Messinstrumente, und an den meisten Orten ließ sich mit bloßem Auge keine bemerkenswerte Krümmung der Erde erkennen, abgesehen von einer gelegentlichen Gebirgskette oder unterschiedlichen Hügeln und Tälern. Der Planet wirkte überwiegend flach, wobei das Land allmählich in eine ausgedehnte Wasserfläche überging, die an der Horizontlinie zu enden schien. Folglich konnten sich Theorien von einer flachen scheibenförmigen Erde, umgeben von einem weitläufigen Wassergürtel, durchsetzen. Das Fehlen entsprechender Technologien vereitelte eine Erkundung der Meere über die Sichtweite der Küstenlinie hinaus, und entsprechende Wünsche wurden oft durch die Angst im Keim erstickt, sich zu weit hinauszuwagen und über den Rand der flachen Welt in einen dunklen Abgrund zu stürzen. Erschwerend hinzu kam das gleichermaßen grausame Schicksal, möglicherweise von den Ungeheuern verschlungen zu werden, die jenseits der bekannten Grenzen der Welt lauerten.

Die Erde ist doch keine Scheibe

Auf lange Sicht war die Theorie von der Scheibenform der Erde allerdings unhaltbar, da sie für viele Ereignisse keine Erklärung bot, vor allem als mathematische und wissenschaftliche Hypothesen zunehmend an Boden gewannen. Es gab eine Reihe alltäglicher Beobachtungen, die sich nicht ignorieren ließen und neuen Überzeugungen den Weg ebneten. Was die vermeintliche Form der Erde betraf, durchlief die Erde mehrere Mutationen. Besonders interessant: Ein Schüler von Anaximander, der Grieche Anaximenes von Milet (um 585–528 v. Chr.), verwarf die Hypothese seines Mentors, die Erde sei zylindrisch mit flacher Oberseite, und entwickelte die Theorie von einem rechteckigen Format.
Die Unfähigkeit, sich auf eine Form für die Welt und ihre Umgebung zu einigen, erschwerte die Definition und Vermessung und damit die Erklärung der vielen daraus resultierenden Ungereimtheiten. So entstanden im Lauf der Zeit zahlreiche Legenden von Monstern und Göttern, um die rät-

selhaften Bewegungen der Sterne und Sonne sowie eine Reihe weiterer mysteriöser Geschehnisse zu erklären.

Als sich allmählich eine mathematische Methode zur Beobachtung natürlicher Phänomene durchzusetzen begann, trennte man Fakten von Fiktion, und eine zunehmende Anzahl griechischer Philosophen gelangte zu der Schlussfolgerung, die Erde sei rund. Einer von ihnen war der hochgeschätzte Mathematiker und Philosoph Pythagoras von Samos (um 570 – um 480 v. Chr.). Dieser glaubte, die Erde sei eine Kugel und kreise um ein zentrales Feuer im Universum. Er und seine Schüler waren möglicherweise die ersten, die eine »Neupositionierung« der Erde vorschlugen und das bis dahin anerkannte Gleichgewicht des Universums erschütterten, indem sie einem anderen Himmelskörper die Rolle des kosmischen Zentrums zuordneten.

Während die Debatte über Form und Position des Planeten Erde immer hitziger wurde, lieferte ein Mann namens Herodot (484–425 v. Chr.) neue Argumente für die Theorie des Pythagoras. Er verlieh der Entwicklung der Kartografie mit Darstellungen und Informationen Auftrieb, die weit über den damaligen Wissensstand hinausgingen. Das gelang ihm anhand innovativer Ansätze, bestehende Informationen aufzuspüren, zu verarbeiten und zu sammeln, eine Frühform des Wissensmanagements. Im Rahmen dieses Prozesses erweiterte er die Grenzen der geografischen Karten über die mythologische, symbolhafte Festlegung unbekannter Territorien hinaus und eröffnete Wege sowohl für eine neue Denkweise als auch für beträchtliche Fortschritte in der Kartografie, die sich nun als verlässliches Spiegelbild bekannter Daten präsentierte. Im Gegensatz zum vorherrschenden Kartenmaterial mit einer scheibenförmigen, von Wasser umgebenen Erde, stellte Herodot in seinen Schriften die These auf, dass die Erde eine ungleichmäßige Form besaß und in drei Kontinente unterteilt war: Europa, Afrika und Asien. Europa war in seinen Augen viel weitläufiger als bisher angenommen und zum großen Teil noch unentdeckt. Afrika wurde nicht länger als runder monolithischer Block dargestellt, und Herodot führte zudem einige neue Gewässer ein. Viele dieser Hypothesen beruhten auf Erkenntnissen, die er während seiner Reisen gewonnen hatte, und auf Hinweisen von anderen Reisenden, denen er dabei begegnet war. Diese Berichte kombinierte er mit Informationen, die er vor allem aus phönizischen Schilderungen früherer Entdeckungen auswählte.

Obwohl es sich viele gewünscht hätten, ließen sich die Beobachtungen und Theorien über die keineswegs flache Form der Erde nicht ausmerzen, sondern gewannen im Lauf der Zeit immer mehr Überzeugungskraft. Aristoteles (384–322 v. Chr.) war zwar nicht der erste, der den Verdacht äußerte, die Erde sei rund, aber man schreibt ihm die ersten stichhaltigen Argumente zu, die diese Sichtweise untermauerten. Er beobachtete unter anderem, dass die Eklipse des Mondes kreisförmig war, dass Schiffe, die aufs Meer hinausfuhren, zu verschwinden schienen, wenn sie über die Horizontlinie gelangten, und dass man einige Sterne nur in bestimmten Regionen der Erde sehen konnte. Die Kombination dieser aufgezeichneten Phänomene vergrößerte die Wahrscheinlichkeit erheblich, dass die Erde rund war.

Mit solcherart Informationen gerüstet, wäre die Entwicklung einer realistischen, glaubhaften Kartografie möglich gewesen, aber der Grieche Eratosthenes (276–194 v. Chr.) war fest überzeugt, dass sich präzises Kartenmaterial nur mithilfe der entsprechenden Messtechniken herstellen ließ. Er war der erste, der den Umfang der Erde berechnete und somit einen wichtigen Beitrag für eine realistische Kartografierung unseres Planeten leistete. Dank einer ausgeprägten Beobachtungsgabe fiel ihm auf, dass ein Pfosten in der Stadt Alexandria am

Tag der Sommersonnenwende zur Mittagszeit einen Schatten warf, während ein Pfosten von ähnlicher Größe und Form in dem Dorf Syrene, das flussaufwärts am Nil lag, keinen Schatten erzeugte. Daraus leitete er die Annahme ab, dass der Einfallswinkel der Sonnenstrahlen bei den beiden Pfosten unterschiedlich sein musste – womit er Aristoteles' Hypothese nachhaltig stützte und verbliebene Zweifel an der gerundeten Form der Erde schwächte. Erathosthenes vermutete, dass sich der Pfosten, der keinen Schatten warf, direkt unterhalb der Sonne befand, während der andere einen Winkel zur Sonne bildete. Unter Anwendung grundlegender geometrischer Lehrsätze errechnete er den Winkel zwischen Pfosten und Schatten und setzte ihn in Relation zur Entfernung zwischen den beiden Orten. Anhand dieser Messung gelang es ihm, die Gesamtgröße des 360-Grad-Kreises zu errechnen, der diese beiden Punkte einbezog. Seine Berechnung des Erdumfangs war verblüffend genau.

Von besonderer Bedeutung für die Kartografie waren die von ihm eingeführten imaginären Achsenlinien: die Meridiane oder Nord-Südlinien und die Parallel- oder West-Ost-Linien. Eine dieser Linien wurde über die Stadt Rhodos gelegt. Dieses Gitternetz diente dazu, die Welt in messbare Bereiche zu unterteilen, die man als Orientierungshilfe und für die Zuordnung bestimmter Regionen verwenden konnte. Dieser unschätzbar wertvolle Beitrag zur Messung machte es zum ersten Mal möglich, Nord-Süd-Entfernungen zu bestimmen. Erathosthenes sollte noch weitere bedeutende Beiträge zur Entwicklung der Kartografie leisten: Er war unter anderem der erste, der die Welt zutreffend in fünf Klimazonen unterteilte, mit zwei kalten Regionen im nördlichsten und südlichsten Bereich und einem Hitzegürtel, der entlang der Mitte der Erde verläuft, flankiert von zwei gemäßigten Zonen.

Das Ptolemäische Weltbild

Einige Zeit nach Eratosthenes konzentrierte sich ein anderer Grieche, der Geograf, Mathematiker und bekannteste Astronom seiner Zeit Hipparchus (um 190 – um 120 v. Chr.) auf Themen der sphärischen Geometrie. Er führte ein Konzept ein, das numerische, durch Beobachtung gewonnene Daten in geometrische Modelle miteinbezog, und trug so maßgeblich dazu bei, deren Präzision zu verbessern. Auf dieser Grundlage entwickelte er quantitative Modelle für die Bewegungen von Sonne und Mond. Er schlug außerdem vor, die Weltkarte mithilfe imaginärer Linien in gleichmäßige Sektionen zu unterteilen. Dieses Konzept wurde im 2. Jahrhundert nach Christus von Claudius Ptolemäus (um 100 – um 165 n. Chr.) weiterentwickelt. Ptolemäus war schon zu seinen Lebzeiten eine Legende und vor allem als Mathematiker, Astronom und Physiker bekannt. Auf Werke von Hipparchus und anderen aufbauend, führte er eine verbesserte Karte der kugelförmigen Welt ein, die Anleihen bei Astronomie und Mathematik nahm und ein Koordinatensystem mit gleichmäßig verteilten Längen- und Breitenlinien beinhaltete. Er schrieb mehrere wissenschaftliche Abhandlungen, zu denen auch sein umfangreiches, mehrbändiges Geografie-Werk *Geographia* gehört. Es wurde zum Vorläufer moderner Kartografiermethoden und besaß ein Ortsverzeichnis, gekennzeichnet durch Längen- und Breitenkoordinaten, ein Skalensystem und eine Zuordnung von Symbolen im Legendenformat. Die Karten beinhalteten bereits das Standard-Orientierungssystem, bildeten den Norden oben, den Süden unten und Ost und West rechts bzw. links ab.

Trotz des bedeutenden Beitrags zur Kartografie und Geografie unterliefen Ptolemäus einige Fehler, die verhängnisvolle Folgen haben sollten. Seine Karten erwiesen sich als hochgradiges Zerrbild, da er nur begrenzten Zugang zu Informationen über die Länder hatte, die sich jenseits des Römischen Reiches befanden. Dazu kam, dass er die Größe der Erde falsch berechnete und sie erheblich kleiner einschätzte als sie tatsächlich ist. Die Darstellung der Länder Serica und Sinae – das heutige China – war zu weitläufig und verhinderte somit jegliches Wissen um die Existenz des Pazifischen Ozeans. Möglicherweise führten diese Fehler später dazu, dass Columbus die »Beiden Amerikas« entdeckte. Auch die Breitengrade sind, obwohl richtig vom Äquator gemessen, weit von ihrer genauen Position entfernt, da Ptolemäus das rudimentäre Maß des längsten Tages statt der Gradeinteilungen eines Kreisbogens zugrunde legte. Dennoch beschleunigte das sperrige Traktat den Aufstieg der Geografie, verlieh ihr Inspiration und neue Impulse und galt als Standardtext, zumindest bis die »Neue Welt« entdeckt wurde.

Ähnlich wie in seinem Geografie-Werk *Geographia* präsentierte Ptolemäus in der astronomischen Abhandlung *Almagest* das Material zusammenhängend und methodisch und rationalisierte den Inhalt. Er verwarf das Konzept der ersten griechischen Astronomen, dass sich die Erde um die Sonne drehe, und vertrat die traditionelle geozentrische Sicht, dass die Erde Dreh- und Angelpunkt des Universums sei. Auch wenn sein Ruf als Koryphäe und seine strukturierten Argumente Widersacher entmutigten, gegen seine Thesen von der Beschaffenheit und Wirkungsweise des Universums Front zu machen, behielten seine Annahmen vor allem deshalb bis ins Mittelalter Glaubwürdigkeit, weil sie die enthusiastische Unterstützung von Kirchenführern und anderen mit begründetem Interesse an einer solchen Sicht genossen.

Während Fragen bezüglich der Position der Erde im Universum immer wieder zu heißen Debatten führten, stieß das Konzept von einer runden Erde auf weniger Widerstand und setzte sich zunehmend durch. Ungefähr zur gleichen Zeit als Ptolemäus die Welt in messbare Quadrate zu unterteilen versuchte, konstruierte Crates von Mallus 140 vor Christus den ersten Globus. Obwohl Crates dank seiner Vorgänger und Zeitgenossen über mehrere neue Messinstrumente verfügte und infolgedessen eine neue Planetenform in Betracht zu ziehen vermochte, kann man sich nur schwer vorstellen, wie dieser Globus ausgesehen haben mag, da selbst die besten Messinstrumente wenig nutzen, wenn die Daten, die man für Messungen braucht, begrenzt sind oder gänzlich fehlen. Für die alten Griechen war Land, das jenseits ihrer unmittelbaren Nachbarschaft oder ihres Kontinents lag, eine unbekannte Größe. Doch es war an der Zeit, nach Möglichkeiten Ausschau zu halten, die weißen Flecken auszufüllen.

Himmelskarten und Flugpioniere

»Es gibt Wahrheiten, die nicht für alle Menschen
und nicht für alle Zeiten gelten.«

Voltaire

Um die Lücken auf den Karten zu füllen, waren Forschungsreisen unerlässlich. Die Hypothese, dass die Erde kugelförmig und keine flache horizontale Scheibe sei, von deren Rand man unweigerlich in einen dunklen Abgrund stürzte, trug trotz mangelnder Beweise dazu bei, die Ängste der Möchtegern-Abenteurer zu beschwichtigen – wenn auch nicht völlig zu beseitigen. Dank ihrer kühnen Erkundungsfahrten, die weitgehend im Goldenen Zeitalter der Entdeckungen zwischen dem 15. und dem 17. Jahrhundert stattfanden, wurden den Karten viele weitentfernte Orte hinzugefügt. Die Entdecker wagten sich nicht nur mit beschränkten technischen Hilfsmitteln in unbekannte Bereiche der Welt vor, sondern sahen sich der gleichermaßen großen Herausforderung gegenüber, die Klippen eines angespannten politischen Klimas zu umschiffen, das in einer erbitterten Rivalität zwischen Portugal und Spanien gipfelte.

Die während der Reisen gewonnenen geografischen und meteorologischen Informationen wurden von den Kartografen sehnlichst erwartet; sie stellten sie zusammen und präsentierten das Ergebnis den jeweiligen Königen, die die Expeditionen häufig finanzierten, und ihren Ratgebern. Auf diese Weise nahmen unbekannte Regionen allmählich geografische Konturen an, die mit jeder Entdeckung und Erkenntnis

genauer wurden. Jedes neue geografische Informationsbruch-
stück bot dem Land, in dessen Besitz es sich befand, einen
potenziellen Wettbewerbsvorteil auf wirtschaftlicher und
machtpolitischer Ebene, und um sicherzugehen, dass es nicht
in die Hände einer rivalisierenden ausländischen Macht fiel,
war Geheimhaltung oberstes Gebot. Die Karten, vor allem
solche, die vorteilhafte Handelsrouten aufzeigten, wurden
damals hoch gehandelt und wie ein Staatsschatz gehütet.

Die Erde: Das Zentrum des Universums

Die Himmelskarten des Goldenen Zeitalters gehören zu den
größten Kunstwerken, die jemals geschaffen wurden; die
Ränder enthielten zahlreiche Hinweise auf die Helden im
alten Griechenland, in Begleitung einer ganzen Heerschar
mythischer Geschöpfe. Die leicht erkennbaren und in den
ersten Himmelskarten vorherrschenden Konstellationen
wurden nun zunehmend mit einer neuen Positionierung von
Erde und Sonne abgebildet. Sie spiegelten den allmählichen
Übergang zu Vorstellungen wider, die sich aus den neuen wissenschaftlichen Beobachtungen und Hypothesen über den
physischen Kosmos, die Beziehung der Himmelskörper
zueinander und die sich ausdehnenden Grenzen des Universums herleiteten.
Allerdings waren die vorherrschenden Theorien, die sich aus
den astronomischen Studien der sphärischen Geometrie im
alten Griechenland entwickelt hatten – darunter vor allem das
Weltbild des Ptolemäus, – nur schwer auszumerzen. Folglich
spielte die Erde noch einige Zeit die zentrale Rolle im Verständnis der Beschaffenheit des Kosmos und der Bewegungen
der Himmelskörper. Die Himmelskarten offenbaren eine
Vielzahl von Szenarien, die auf einem geozentrischen Univer-

sum basierten. Sie versuchten, Ungereimtheiten in den Kreis-
bahn-Theorien dadurch zu erklären, dass man der Sonne eine
Umlaufbahn außerhalb des Zentrums oder kleine kreisförmige Bahnen beim Umkreisen der Erde zuordnete. Beide
Modelle stimmten mathematisch mit den Beobachtungen der
alten Griechen über die verschiedenen Positionen der Sonne
im Verhältnis zur Erde überein.

Das Werk von Nikolaus Kopernikus (1473–1543) hingegen,
das in seinem Todesjahr 1543 veröffentlicht wurde und den
Titel *Von den Umdrehungen der Himmelskörper* trug,
beschrieb ein wissenschaftlich fundiertes, heliozentrisches
System und eröffnete abermals neue Perspektiven für die
Himmelskartografie, auch wenn es noch davon ausging, dass
sich die Planeten auf einer formvollendeten Kreisbahn um die
Sonne bewegten. Kopernikus hatte diese Theorie schon
geraume Zeit vorher erforscht, mit der Veröffentlichung
jedoch gewartet, vielleicht aus Angst vor der Reaktion; seine
Befürchtungen bestätigten sich, denn die Theorie löste
beträchtlichen Wirbel aus. Obwohl das heliozentrische Weltbild kein neues Konzept war, wurde dieses Szenario zum
ersten Mal mit akribischer Beobachtung gekoppelt und in
einem rigorosen, mathematisch unterstützten Format präsentiert.

Kopernikus galt schon zu Lebzeiten als Autorität auf dem
Gebiet der Astronomie und Astrologie, war aber auch in zahl-
reichen anderen Disziplinen wie Mathematik, Physik und
Ökonomie versiert, hatte sich als Gelehrter, Diplomat, Mili-
tärstratege, Übersetzer und Kleriker einen Namen gemacht.
Er hatte seine Eltern in jungen Jahren verloren, doch konnte
er dank der Unterstützung eines gut situierten Onkels eine
kirchliche Laufbahn einschlagen, die ihm Zeit ließ, sich seiner
Leidenschaft für die Astronomie zu widmen, obwohl sein
Interesse eher privater als beruflicher Natur war. Doch als

Mann der Wissenschaft und der Kirche wusste er, dass die Präsentation seiner Theorien unliebsame Folgen in beiden Bereichen haben würde. In seinem früheren Werk *Commentariolus* (Kleiner Kommentar), das er 1514 in einem handverlesenen Freundeskreis verteilt hatte, vermutlich, um die Reaktion zu testen, waren seine Hypothesen über das heliozentrische Universum bereits skizziert.

Besonders brisant war die These, dass die Erde genau wie andere Himmelskörper ihre Bahnen um die Sonne zöge und folglich nicht das Zentrum des Universum darstellen könne, der Sonne also diese Vorrangstellung zukäme. Seine Theorien wurden in den sechs Bänden, die zu seinem späteren Werk gehörten, im Einzelnen ausgeführt, methodisch strukturiert und mit Zahlenmaterial belegt. Obwohl die Veröffentlichung wie vorherzusehen auf den erbitterten Widerstand der Kirche und bestimmter Mitglieder des wissenschaftlichen und akademischen Establishments der damaligen Zeit stieß, war das Werk für viele der Anstoß zu einer »wissenschaftlichen Revolution«, die eingefahrene Anschauungen aushebelte.

Einige Jahre später kam Johannes Kepler (1571–1630) als junger Student sowohl mit den geozentrischen Planetensystem-Theorien des Ptolemäus als auch mit dem heliozentrischen Weltbild des Kopernikus in Berührung. Der aus bescheidenen Verhältnissen stammende angehende Mathematiker und Astronom/Astrologe erkannte die mathematische Ausgewogenheit der Beobachtungen, die Kopernikus gemacht hatte, und übernahm dessen Weltsicht beherzt. Womöglich aus strategischen Gründen versuchte er jedoch, sie mit einem religiösen Kontext zu unterfüttern. 1596 veröffentlichte er *Mysterium Cosmographicum* (Allgemeine Naturgeschichte und Theorie des Himmels), eine religiöse und wissenschaftliche Rechtfertigung des kopernikanischen Systems und die erste öffentliche Unterstützung, die das Werk seines Vorgängers erfuhr. Dieser Text bot eine Erklärung in Form eines göttlichen geometrischen Plans, der die Sonne als Heiligen Vater darstellte, als Quelle, aus der sich der Bewegungsimpuls ableitete.

Kepler ging in seiner Begeisterung für das heliozentrische Modell sogar über bestimmte Annahmen von Kopernikus hinaus; dieser hatte die Bewegungen von Planeten und Sternen auf der Grundlage des ptolemäischen Rasters errechnet, das von einheitlichen Kreisbewegungen der Himmelskörper ausging. Kepler führte eine Reihe neuer Theorien und Gesetzmäßigkeiten mit detaillierten Angaben über die Planetenbewegungen ein, und es gelang ihm nachzuweisen, dass die Planeten auf einer elliptischen Bahn um die Sonne zogen, in einer Geschwindigkeit, die von ihrer jeweiligen Entfernung zur Sonne abhing.

Keplers Zeitgenosse, der Astronom und Physiker Galileo Galilei (1564–1642), ein Pionier der »experimentellen wissenschaftlichen Methode«, trug ebenfalls dazu bei, dem heliozentrischen Modell des Planetensystems zum Durchbruch zu verhelfen. Mit Hilfe eines selbstgebauten, für die damalige Zeit technisch hochentwickelten Teleskops war er in der Lage, Beobachtungen aufzuzeichnen, die das heliozentrische Weltbild bestätigten. Da er seine Erkenntnisse nicht wie Kepler mit einem annehmbaren religiösen Kontext unterlegte, kam er auf Konfrontationskurs mit der römisch-katholischen Kirche; 1633 wurde er von der Inquisition der Ketzerei für schuldig befunden und gezwungen, dem kopernikanischen Weltbild abzuschwören. Erblindet und ein gebrochener Mann, verbrachte Galileo Galilei seine letzten Jahre unter Hausarrest.

Obwohl es einige Zeit dauerte, bis Keplers und Galileis Theorien anerkannt wurden, überzeugten anschließende Versuche, die auf einer Weiterentwicklung der Kepler'schen Parameter basierten, viele Wissenschaftler vom Konzept einer elliptischen Umlaufbahn der Planeten. Infolgedessen wurde das Tor zum Weltraum noch weiter aufgestoßen und die Himmelskartografie konnte große Fortschritte verzeichnen.

Das heliozentrische Weltbild

Nachdem die Erde und ihre Bewohner lange Zeit den Luxus einer zentralen Position im Universum genossen hatten, wurde diese vermeintliche Vorrangstellung durch Verbesserungen der Messfähigkeiten und die dabei gewonnenen Informationen zunichte gemacht. Trotz früherer Vermutungen waren es vor allem die Leistungen von drei vielseitigen Astronomen – Nikolaus Kopernikus, Johannes Kepler und Galileo Galilei –, die schlussendlich das geozentrische Weltbild widerlegten und einen astronomischen Wandel einleiteten. Trotz nachhaltiger Proteste und Versuche seitens der politischen und religiösen Führer der damaligen Zeit, Informationen über diese neuen Entdeckungen inhaltlich zu verändern oder ihre Verbreitung zu verhindern, waren die Beweise langfristig unwiderlegbar. Sie gaben den Ausschlag dafür, dass die Erde einen Statusverlust hinnehmen musste und zu einem unter vielen Planeten wurde, die ihre Bahn um die Sonne zogen. Sir Isaac Newton (1643–1727) lieferte schließlich den ultimativen analytischen Beweis für die heliozentrische Theorie.

Doch trotz der neuen philosophischen Weichenstellungen, die für die Abkehr von einem geozentrischen Weltbild unerlässlich waren, bewahrte die Erde einen großen Teil ihres Glanzes als markanter Spieler im Sonnensystem, dem man nach wie vor die Hauptrolle im Universum zuerkannte. Das zunehmende Wissen, das mit der technischen Verbesserung unserer Mess- und Dokumentationsfähigkeiten einhergeht, hat inzwischen eine Neubestimmung und Neubewertung unserer anmaßenden Positionierung erforderlich gemacht. Obwohl es seit jeher Wissenschaftler und Philosophen gab, die auf die mögliche Existenz anderer Planeten und Sonnensysteme hingewiesen haben, wurden solche Gedanken lange Zeit verworfen und als häretische Wahnvorstellungen gebrandmarkt. Als der herausragende Philosoph und Professor für Logik und Metaphysik Immanuel Kant (1724–1804) mit ähnlichen Hypothesen die Bühne betrat, war es jedoch schwieriger geworden, sie von der Hand zu weisen, weil die Entwicklung der Messinstrumente inzwischen einen Punkt erreicht hatte, an dem sie diese Hypothesen zumindest teilweise untermauerte. Obwohl man 1755, als Kants Abhandlung *Die allgemeine Geschichte der Natur und die Himmelstheorie* erschien, wenig über das Planetensystem wusste, behauptete er, es gäbe im System der Himmelskörper wesentlich mehr als die sechs bekannten Planeten Merkur, Venus, Erde, Mars, Jupiter und Saturn, und dass diese durch interstellares Material entstanden sein könnten. Die teleskopische Entdeckung zusätzlicher Planeten, vor allem des Uranus und der Nebel im Sonnensystem, die nicht lange nach der Veröffentlichung dieses Werks erfolgten, ließen diese Annahme wahrscheinlicher erscheinen.

Kants Theorien wurden später anerkannt, da die Messtechnologie in der Zwischenzeit über den Radius unseres eigenen Sonnensystems hinausreichte und fortlaufende Beobachtungen darauf hindeuteten, dass unser Universum zahlreiche dokumentierte und noch mehr unentdeckte Planeten enthalten könnte. Mit jedem neu verzeichneten Planeten rückt das Konzept des heliozentrischen Systems, das früher heftige Kontroversen auslöste, weiter in den Hintergrund, zumal Entdeckungen aus dem 18. und 19. Jahrhundert bereits abgeklärt haben, dass die Sonne nicht das Zentrum des Universums darstellt, sondern nur ein Stern unter vielen unbekannten Sternen ist. Heute sind wir in der Lage, den Weltraum jenseits unseres Sonnensystems zu vermessen.

Entdeckung »neuer« Sonnensysteme

Im November 2007 machten Meldungen von einem neu beobachteten Planeten die Runde, der seine Bahn um einen 41 Lichtjahre entfernten sonnenähnlichen Doppelstern im Sternbild Krebs zieht. Er gesellte sich zu vier anderen, bereits bekannten Planeten im Doppelstern-System, das als *55 Cancri* bekannt ist, hinzu. Diese Planeten umkreisen einen Hauptreihenstern, den Gelben Zwerg *55 Cancri A*, der einen etwas kleineren Radius und etwas geringere Masse hat als unsere Sonne und folglich weniger strahlend und kühler ist. Obwohl die Entdeckung eines neuen Planeten, die früher Wissenschaftler und andere in helle Aufregung versetzt hätte, heute an der Tagesordnung zu sein scheint, besaß diese Beobachtung besondere Bedeutung, weil sie das erste bekannte Planetenquintett außerhalb unseres Sonnensystems bestätigte. Infolge dieser Entdeckung wurden die Lehrpläne geändert und Schulkindern wird nun vermittelt, dass es mehr als ein Sonnensystem gibt.

Obwohl es mit den vorhandenen Technologien ausgeschlossen ist, den Planeten vor Ort zu erkunden, können die derzeit verfügbaren Messsysteme nützliche Informationen über seine Beschaffenheit liefern. Da man die meisten Planeten nicht durch direkte Beobachtung erforschen kann, weil die Lichtquelle zu schwach ist, müssen sich die Messinstrumente auf eine Reihe von Variablen stützen, um physische Merkmale zu bestimmen. Der neu entdeckte Planet soll schätzungsweise das 45-fache der Erdmasse besitzen, er umkreist *55 Cancri* in 260 Tagen auf der vierten inneren Bahn. Diese Position gilt als

»habitable Zone«, was bedeutet, dass er seinen Stern in einem Abstand umkreist, in dem die Temperaturen Wasser in flüssiger Form ermöglichen könnten, eine wichtige Voraussetzung für Lebensformen, wie wir sie kennen. Doch der Planet ist erheblich größer als die Erde und weitere Beobachtungen deuten darauf hin, dass seine Atmosphäre mehr Ähnlichkeit mit der des »Gasriesen« Saturn als mit der Erdatmosphäre hat.

Die Entdeckung des Planeten, der *55 Cancri* umkreist, und vieler anderer vor ihm lässt die Schlussfolgerung zu, dass es viele sonnenähnliche Sterne und Planeten gibt, die diese umkreisen. Seit 1995, als der erste Exoplanet (Planet außerhalb unseres Sonnensystems) entdeckt wurde, wurden annähernd dreihundert beobachtet, ein unwiderlegbarer Beweis, dass unser Sonnensystem keineswegs das einzige ist.

Ein weiterer Aspekt ist, dass durchaus die Möglichkeit besteht, dass Entwicklungen und Prozesse, die zur Entstehung unseres Planetensystems geführt haben, wiederholbar sind, genau wie von Kant und anderen vorhergesagt. Wir wissen auch, dass es nur die größeren Planeten sind, die mit unserer derzeitigen Messtechnologie beobachtet werden können. Durch die eingeschränkte Reflektion des Lichts lassen sich Erkenntnisse in den meisten Fällen nur mit indirekten Mitteln gewinnen, doch mit zunehmender Entwicklung hochleistungsfähiger, hochempfindlicher Messinstrumente ist es wahrscheinlich, dass in der Zukunft auch kleinere Planeten entdeckt werden, die der Erde ähnlicher sind. Vielleicht befinden wir uns an der Schwelle einer neuen Realität, in der wir den Platz unseres Sonnensystems im Universum ein weiteres Mal überdenken müssen – dieses Mal nicht als Teil des zentralen Sonnensystems, sondern als ein Sonnensystem unter vielen.

Eine noch größere Herausforderung wäre, wenn wir bei fortgesetzter Verbesserung der Technologie und Messverfahren einen oder mehrere erdähnliche Planeten finden könnten, auf denen Leben möglich ist. Das würde ein beträchtliches Umdenken erfordern, was den Platz des Menschen im Universum betrifft, und sicherlich neue Grenzen für die kartografische Vermessung des Himmels unabdingbar machen. Auch die Entwicklung der Messinstrumente und -fähigkeiten schreitet immer schneller voran, seit wir begonnen haben, die Informationsbruchstücke aus dem Weltraum zusammenzufügen. Unlängst wurde die erste Karte eines Planeten außerhalb unseres Sonnensystems erstellt. Sie enthält eine farbige Darstellung der Temperaturvarianten, basierend auf Messungen des Spitzner-Weltraumteleskops der NASA, einer IRAC-Kamera, die simultan vier Kanäle aufnehmen kann und die wärmere Regionen der Planeten in kräftigeren Schattierungen sichtbar macht. Sie gibt nicht nur Aufschluss über die Position von Hotspots (heißen Flecken auf dem Planeten), sondern auch über Bereiche mit gleicher Temperatur, die Wissenschaftlern anhand der Temperaturverteilungsmuster bei der Vorhersage von Vorhandensein und Stärke von Winden auf dem Planeten helfen. Das Farbschema wurde digital verbessert, um zu definieren und zu betonen, was sich im Kosmos befinden könnte, ähnlich wie bei den frühzeitlichen Kartenformen, die versuchten, unentdeckte Territorien jenseits der unmittelbaren Grenzen durch kreative Darstellungen zu erfassen. Möglicherweise werden wir diese exoplanetarische Karte in den kommenden Jahren genauso betrachten wie die alten Karten der Erde und der sie umgebenden Himmelsregion, die das Unbekannte oft stärker hervorhoben als das Bekannte, doch für den Augenblick stellen sie einen Ehrfurcht einflößenden Tribut an die Fähigkeit des Menschen dar, Messungen vorzunehmen und Wissen zu erwerben.

Flugnavigation

Seit der Mensch die ersten Messungen durchzuführen begann, träumte er davon, zu fliegen. Dieser Wunsch förderte die Entwicklung der Messverfahren, diese wiederum inspirierten und unterstützten die Möglichkeit, zu fliegen. Obwohl uns die heutigen Messinstrumente inzwischen weit über die Grenzen unseres Sonnensystems hinausgeführt haben, waren die Vermessung und kartografische Darstellung des Raumes, der die Erde umgibt, zunächst extrem beschränkt, sodass Fliegen ein heikles und gefährliches Unterfangen war. Als die Luftfahrt noch in den Kinderschuhen steckte, stützten sich Piloten auf ein Dead-Reckoning-System, eine Kurs-Extrapolation, die auf der Messung von Zeit, Entfernung und Richtung beruhte. Charles Lindbergh (1902–1974), dem 1927 der erste Trans-Atlantik-Flug von New York nach Paris in 33 Stunden und 30 Minuten an Bord der *Spirit of St. Louis*, einer einmotorigen Maschine mit fixierter Tragfläche, gelang, und der damit den begehrten *Orteig-Preis* gewann, benutzte diese Methode. Sie erforderte, dass der Pilot einen Flugplan erstellte, indem er die Entfernung zwischen mehreren aufeinanderfolgenden Punkten auf einer Karte maß und den missweisenden Steuerkurs (*magnetic heading* = MH), also den Kurs relativ zum magnetischen Nordpol, zwischen jedem einzelnen Punkt berechnete. Dann wurde die Zeit errechnet, die er bei gleichbleibender Geschwindigkeit bis zum Erreichen eines bestimmten Punktes brauchte. In der Luft folgte der Pilot seinem Kompass, um den Kurs zu halten, wobei diese Form der Navigation extrem anstrengend war, wenn sich die Windrichtung änderte oder das Wetter verschlechterte. Lindbergh hatte das Glück, trotz Sturm und anderer erschwerender Faktoren nur leicht vom Kurs abzuweichen, doch das Kurs-Extrapolationssystem bot dem Piloten keine Sicherheit bezüglich seiner genauen Position. Lindbergh kreiste während des Fluges über einigen Fischerbooten, die er gesichtet hatte, in der Hoffnung, so hieß es, sich »nach dem Weg« erkundigen zu können. Vor ihm hatten schon viele bekannte Pioniere der Luftfahrt vergeblich versucht, die transatlantische Herausforderung zu meistern. Im Frühjahr und Sommer des Jahres, in dem Lindbergh mit seiner Alleinüberquerung in die Annalen der Geschichte einging, wagten 40 Piloten einen Langstreckenflug über Wasser, ein Experiment, das 21 Menschenleben forderte – ein unheilvoller Anfang für die Luftfahrt, die ein unermessliches Potenzial bot. Doch Lindberghs Erfolg weckte das Interesse der Öffentlichkeit an der Möglichkeit von Passagier-Flugreisen. Es lag auf der Hand, dass die Entwicklung der Messinstrumente die Ambitionen des Menschen schnellstmöglich einholen musste, damit die Luftfahrtindustrie Fortschritte verzeichnen konnte.

Eines der wichtigsten Instrumente für die Luftfahrt war der Altimeter oder Höhenmesser. Dieses Gerät, das mehrere Anpassungsphasen zu durchlaufen hatte, wurde von dem französischen Physiker Louis Paul Cailletet (1832–1913) erfunden und benutzt, um die vertikale Entfernung eines Objekts, beispielsweise eines Flugzeugs, über einer Ebene oder definierten Referenzfläche zu messen. 1928 verbesserte der deutsche Erfinder Paul Kollsman (1900–1982) die Möglichkeiten der Luftfahrt mit dem ersten barometrischen Höhenmesser, *Kollsman Window* genannt. Eine weitere bahnbrechende Neuerung, der Radiohöhenmesser, wurde 1924 von Lloyd Espenschied erfunden (1889–1986) und 1938 erstmals von *Bells Lab* der Öffentlichkeit vorgestellt. Der Radiohöhenmesser übertrug Funksignale, die vom Boden reflektiert wurden, sodass die Piloten in der Lage waren, die genaue Höhe des Flugzeugs zu bestimmen.

In der heutigen Zeit hat der Flugverkehr so gewaltige Ausmaße angenommen, dass Piloten sich strikt an vorgegebene Luftwege halten müssen und sich nicht länger auf einfache Hilfsmittel wie die objektive Beobachtung verlassen können, um auf Kurs zu bleiben. Die Entwicklung leistungsstarker Motoren ermöglichte einen Flug hoch über den Wolken, die die Sicht behindern, und schränkte den Nutzen von Land- und Seekarten ein. Obwohl der Magnetkompass noch immer als grundlegendes Element der Navigation gilt, wird er heute durch eine große Anzahl von elektronischen Funk- und Satelliten-Leitsystemen sowie anderen Messinstrumenten bei Start, Landung und anderen Facetten des Fluges unterstützt. Ein weltweites Luftverkehrskontrollsystem, das die Luftwege überwiegend via Radarschirm überwacht, sorgt dafür, dass sich die Flugzeuge an bestimmte Flugmuster und Flugregeln halten. Den Piloten stehen Karten zur Verfügung, die eine Luftanalyse mit Windrichtung, Windgeschwindigkeit und Temperatur auf verschiedenen Flugflächen enthalten und ständig aktualisiert werden. Flughöhen mit Temperaturen um den Gefrierpunkt werden ebenfalls ständig angezeigt, zusätzlich zu Messwerten zur Luftstabilität oder Wahrscheinlichkeit von Turbulenzen, um das Verhältnis zwischen potenzieller und kinetischer Energie und eine Fülle anderer Faktoren zu bestimmen. Im Innern des Flugzeugs überwacht ein ausgefeiltes Instrumentarium fortlaufend Temperatur und Druck der Motoren, Umdrehungen pro Minute (RPM) und andere Leistungsmessungen.

Diese Technologien, die für die Entwicklung der Luftfahrt unerlässlich waren, initiierten und förderten wiederum Techniken für die Vermessung und kartografische Erfassung der Erde in großem Maßstab, da Flugzeuge großflächige Luftaufnahmen ermöglichten.

Seereisende und Feldforscher

»Es gibt zwei Möglichkeiten: Wenn das Ergebnis die ursprüngliche Annahme bestätigt, dann hat man eine Messung gemacht. Wenn das Ergebnis aber der ursprünglichen Annahme wiederspricht, dann hat man eine Entdeckung gemacht.«

Enrico Fermi

Die Messinstrumente, die den ersten Seefahrern zur Verfügung standen, waren begrenzt. Sie beobachteten vor allem den Himmel, der ihnen als Orientierungshilfe diente, und versuchten, Wind und Meeresströmungen anhand der Sterne einzuschätzen. Man nimmt an, dass die Chinesen bereits im ersten Jahrhundert vor Christus beträchtliche Kenntnisse der Wind- und Strömungsverhältnisse im Pazifik besaßen. Dennoch war eine Navigation, die sich hauptsächlich auf die Beobachtung der Sterne verließ, bei schlechtem Wetter gefährlich.

Bei mangelhafter Sicht verwendeten die ersten Seefahrer deshalb eine magnetisierte Nadel als Orientierungshilfe. Da ein schaukelndes Schiff keine waagerechte Fläche bot, schwamm die Nadel in einer mit Wasser gefüllten Schüssel – ein Vorläufer des Kompasses. Obwohl die Meinungen auseinandergehen, wer den Kompass erfunden hat, steht fest, dass die Chinesen zu den ersten gehörten, die ihn benutzten, und dass es eines der ersten nautischen Messinstrumente war.

Ein Kompass besteht aus einem Gehäuse mit frei drehbarem magnetischen Zeiger, der sich zum Magnetfeld der Erde ausrichtet und auf den magnetischen Norden weist. Der Kompass sollte sich als extrem nützlich für die Navigation auf See erweisen, und als er mit dem Sextanten gekoppelt wurde, konnte man damit auch den Breitengrad bestimmen. Geraume Zeit später wurde der Marinechronometer entwickelt, der gemeinsam mit dem Kompass die Bestimmung der geografischen Länge ermöglichte.

Bis die geografische Länge voll verstanden und messbar wurde, ein Konzept, dass den Seefahrern über Jahrhunderte Rätsel aufgab, konnten Karten nur als Navigationshilfe, aber nicht als Mittel verwendet werden, um einen Kurs zu planen und zu halten. Die ersten Navigationskarten und Tabellen, die aus dem 13. Jahrhundert stammen, waren Kunstwerke, akribisch von Hand auf Pergament gezeichnet. Diese Methode war teuer und zeitaufwendig und nur wenige Menschen konnten sich Karten leisten. Dies sollte sich nach der Erfindung der Druckerpresse im Jahr 1436 durch Johannes Gutenberg (um 1400–1468) ändern. Reisen und Expeditionen im 15. Jahrhundert erhöhten das Interesse an der Beschaffenheit der Welt, und mit ihren erweiterten Grenzen wuchs auch das Bedürfnis der Öffentlichkeit, mehr darüber zu erfahren, was sich hinter dem Horizont verbarg. Die Entdeckung weit entfernter Länder von unermesslicher Größe regte die Fantasie der Kupferstecher, Druckhersteller und ihrer Kunden gleichermaßen an. Die Verleger gingen darauf ein und veröffentlichten immer mehr Werke, die Karten und Schilderungen von Reisen in ferne Länder enthielten. Um das Interesse anzuheizen, wurden Traktate aus alter Zeit ausgegraben und die Schriften und Karten des Ptolemäus neu aufgelegt, um das geografische Bewusstsein auf breiter Front zu erhöhen.

Zu den ersten Büchern, die mit Hilfe der neuen Drucktechnik entstanden, gehörte Marco Polos Beschreibung der Expedition nach Cathay, dem heutigen China. Die unbekannten

Gefahren und exotischen Abenteuer, die er darin schilderte, lösten eine fieberhafte Suche nach neuen Seewegen aus, die in den Orient führten. Ohne die entsprechenden Messmethoden kamen viele, die Marco Polos Route folgten oder zu verbessern suchten, vom Kurs ab, denn damals glaubte man, das Meer östlich von China und Indien grenze an den Westen Europas. Einige Karten aus dieser Epoche haben aus diesem Grund Indien westlich von Europa eingezeichnet.

Zu den Seefahrern, die von den Abenteuern und der Aussicht auf Reichtum angelockt wurden, gehörte der Italiener Christopher Columbus (1451–1506). Trotz zahlreicher Hindernisse gelang es ihm schließlich, die Finanzierung seines lebenslangen Traumes zu sichern und dank der Gunst der spanischen Königin Isabella I. von Kastilien (1451–1504) nach mehreren gescheiterten Versuchen gen Indien aufzubrechen. Columbus wurden drei Schiffe, die *Niña*, die *Pinta* und die *Santa Maria* samt Mannschaft zur Verfügung gestellt, die nach Westen in Richtung Indien segelten. Obwohl dieser Navigationsweg heute als ungeeignet gilt, um das von Columbus angestrebte Ziel zu erreichen, sollte man sich vor Augen führen, dass sich die Werke des Ptolemäus damals großer Beliebtheit erfreuten. Sie hatten jedoch einen Fehler: Eurasien war verzerrt dargestellt und nahm ungefähr die Hälfte des Globus' ein, woraus man schließen konnte, dass die Westroute zu bewältigen war.

Das Land, das Columbus am 12. Oktober 1492 sichtete, war natürlich nicht Indien, sondern eine Inselgruppe vor der Küste Nordamerikas, der Neuen Welt. Columbus kehrte im Triumphzug nach Spanien zurück, brachte reiche Beute und andere »Souvenirs« von seiner Entdeckungsfahrt mit. Obwohl er Indien, sein angestrebtes Ziel, nicht erreicht hatte, hatte seine wagemutige Expedition weitreichende Folgen: Sie füllte Lücken in der Weltkarte, was sich nachhaltig auf die

Entwicklung der Kartografie auswirkte. Ungefähr acht Jahre später verzeichnete der spanische Entdecker, Konquistador und Kartograf Juan de la Cosa (1460–1510) die ursprüngliche Interpretation dieser Entdeckung in einer mittelalterlichen Weltkarte, *Mappa Mundi* (mappa bedeutet ursprünglich »ausgebreitetes Tuch«). Kurz darauf nahm der deutsche Mönch und Kartograf Martin Waldseemüller (1470–1522) den Namen der Neuen Welt – die »Beiden Amerikas«, nach ihrem Entdecker Amerigo Vespucci (1454–1512) benannt – in seine 1507 gefertigte Weltkarte auf. Sie wurde vom Herzog von Lothringen in Auftrag gegeben, der Waldseemüller und andere Gelehrte in ein französisches Kloster eingeladen hatte, um eine neue Weltkarte zu zeichnen, die Mythen und Fakten unwiderruflich trennen und sowohl zwei Jahrhunderte der Studien als auch die jüngsten Entdeckungen widerspiegeln sollte. Diese Karte gibt allerdings Rätsel auf, da sie unter anderem geografische Informationen enthält, beispielsweise über die Konturen Südamerikas und den riesigen Ozean im Westen Amerikas – beides war zu dieser Zeit, bevor Vasco Núñez de Balboa (1475–1519) 1513 den Pazifik erreicht und Ferdinand Magellan (1480–1521) 1520 die Spitze Südamerikas umschifft hatte, unbekannt.

Eine weitere Seereise von epischen Ausmaßen, die in besonderem Maß zur Entwicklung der Weltkarte beitrug, wurde von dem portugiesischen Abenteurer Ferdinand Magellan unternommen. Er war der Erste, der 1520/1521 die Welt umsegelte – oder doch zumindest seine Schiffe – und durch praktische Erfahrung statt theoretischer Überlegungen und Berechnungen bewies, dass die Erde rund war, obwohl er selbst die Reise nicht überlebte, um die verdienten Ehrungen entgegenzunehmen. Wie Columbus visierte auch er Indien als Ziel an, in der Hoffnung, dort kostbare Gewürze an Bord nehmen und Ruhm und Reichtum erwerben zu können.

Zimt, Muskatnuss, Pfeffer, Nelken und Ingwer, in Europa nur selten erhältlich, waren besonders begehrt, um die wenig schmackhafte, oftmals verdorbene tägliche Kost aufzubessern. Magellan war wie Columbus überzeugt, dass die Westroute der schnellste und kosteneffektivste Weg zu den Gewürzmärkten und durch oder um die unlängst kartografierte »Neue Welt« zu erreichen sei. Die mit Herausforderungen gespickte Fahrt führte seine fünf Schiffe zunächst nach Brasilien und danach an der Ostküste Südamerikas entlang, in Richtung Süden. Als er Patagonien erreichte, hatte er zwei Meutereien niedergeschlagen, aber noch keinen Weg gefunden, den südamerikanischen Kontinent zu umrunden. Endlich kam die gesuchte Passage in Sicht; aufgrund zahlreicher Unwägbarkeiten, denen die Schiffe ausgesetzt waren, dauerte es 38 Tage, bis sie durchquert war. Magellan nannte sie »Allerheiligenstraße«, vermutlich als Dank für die geglückte Durchfahrt – aber seine Probleme waren noch lange nicht vorüber.

Beim Verlassen der Meerenge sah sich die Expedition mit den unbekannten, unberechenbaren Gewässern des Pazifischen Ozeans konfrontiert. In Ermangelung entsprechender Messgeräte und Karten hatte Magellan die Größe der Welt erheblich unterschätzt und damit gerechnet, dass er von diesem Punkt an nur noch drei Tage brauchen würde, um die Gewürzinseln (Molukken) zu erreichen. Doch die Reise nahm vier Monate in Anspruch und infolge der mangelhaften Verpflegung für die unvorhergesehene Dauer der Pazifik-Überquerung starb ein Großteil der Mannschaft an Unterernährung und Skorbut.

So oft wie möglich legte die Flotte Zwischenstopps ein, beispielsweise in Guam und später auf den Philippinen, wo Magellan in einem Stammeskampf ums Leben kam. Das ranghöchste Mitglied der Mannschaft, Sebastian del Cano (1476–1526), übernahm das Kommando über die kläglichen

Überreste der Besatzung und die beiden verbliebenen Schiffe, und schließlich erreichten sie die Gewürzinseln, wo sie ihre wertvolle Fracht an Bord nahmen. In der Hoffnung, die Chancen auf eine Rückkehr wenigstens eines der beiden Schiffe zu verbessern, schickte Cano die *Trinidad* in Richtung Osten auf die längere Fahrt durch pazifische Gewässer, während das zweite Schiff, die *Victoria*, ihren Westkurs fortsetzte. Die *Victoria* war die einzige, die im September 1522 schwer angeschlagen die spanische Küste erreichte; die 270-köpfige Besatzung, die drei Jahre zuvor mit einer aus fünf Schiffen bestehenden Flotte in See gestochen war, war auf 18 Mann geschrumpft. Von den Gewürzinseln ausgehend, hatte das Schiff die Handelsrouten verfeindeter Mächte im Indischen Ozean durchquert und das Kap der Guten Hoffnung umrundet. Damit war sie das erste Schiff, das die Welt umsegelte, wenn auch mit tragischen Verlusten; dennoch, die Reise bestätigte, dass die Erde rund war, und füllte zahlreiche wichtige weiße Flecken auf der Karte.

Terra incognita

Diese Leistung verlieh einer alten, wenngleich kaum beachteten Methode neue Impulse, nämlich Karten auf einer kugelförmigen Oberfläche zu präsentieren, Globus genannt. Die Theorie von der Kugelgestalt der Erde war kein neues Konzept, sondern eine Schlussfolgerung, zu der man schon in der Antike gelangt war. Obwohl Weltkarten in gerundetem Format schon in frühester Zeit beschrieben worden sind, stammt der erste noch erhaltene Globus von dem Deutschen Martin Behaim (um 1459–1507), gefertigt lange vor Magellans tollkühner Weltumsegelung. Während die ersten Globus-Konstruktionen der Griechen vermutlich einer so gut wie leeren

Kugel geglichen haben, konnte Behaim bei seinem Modell zumindest ein paar Areale der *Terra incognita* füllen. Das kugelförmige Format war die genaueste Methode, den Planeten kartografisch zu erfassen, da man Wasser und Landmassen an der richtigen Position und im richtigen Verhältnis zueinander darstellen konnte. Die Weltumsegelung Magellans lieferte dann Informationen aus erster Hand, die eine realistische Abbildung förderten.

Einige Zeit später widerlegte Sir Isaac Newton (1643–1727) allerdings die Vorstellung von einer vollkommen runden Erdkugel mit seiner These, dass die Erde an den Polen abgeflacht war (mehr dazu ab S. 125). Das erforderte Anpassungen in der Herstellung von Globen, um ihre Genauigkeit zu verbessern. Sie waren gleichwohl keine praktische Orientierungshilfe, die gedruckten Karten Konkurrenz machten, da der Transport der Globen mühsamer und eine vollständige Weltkarte bei vielen Reisen überflüssig war. Mit zunehmenden Messverfahren konzentrierte man sich folglich darauf, die Genauigkeit der Kartenblätter zu verbessern, um die neuen Entdeckungen umfassender dokumentieren zu können.

Trotz aller Fortschritte bei der Aufzeichnung der Seewege und Umrisse von Landflächen blieb die Seefahrt ein gefahrenreiches Unterfangen. Eines der größten Hindernisse war die Unfähigkeit, die Position eines Schiffes anhand des Längengrads zu berechnen. Sich auf eine Methode zur Bestimmung der geografischen Länge oder Ost-West-Koordinate festzulegen, hatte sich als ebenso frustrierendes wie trickreiches Problem erwiesen und im Lauf der Jahrhunderte die brillantesten Köpfe der Wissenschaft beschäftigt.

Der Längengrad ließ sich nicht so einfach ermitteln, da die Berechnung eine laufende Ortsbestimmung durch Messung von Kurs, Geschwindigkeit und Zeit erforderte, eine Hürde für verlässliche Messungen, sobald kein Land mehr in Sicht war. Deshalb wählten die Seefahrer nach Möglichkeit eine Route, bei der sich die Position durch die zuverlässigere Bestimmung der geografischen Breite ermitteln ließ. Sie legten den Breitengrad fest, dem sie zu folgen gedachten, segelten in die entsprechende Richtung, und wenn sie ihn erreicht hatten, blieben sie konstant auf diesem Kurs. Die Navigationsmethode funktionierte, stellte jedoch nicht immer den kürzesten und effizientesten Weg zum Ziel dar und führte bei schlechtem Wetter zu erheblichen Kursabweichungen.

Die Bestimmung der geografischen Breite auf See war hingegen schon seit geraumer Zeit bekannt. Sie setzte eine relativ einfache Berechnung voraus, die sich vom Sonnenstand um die Mittagszeit herleitete. Dieser Wert wurde mit einer Zeittabelle verglichen, die Informationen über den voraussichtlichen Neigungswinkel der Sonne im Verlauf des Tages lieferte. Der Beweis, dass die geografische Breite zumindest um das Jahr 1500, lange vor der Erfindung des Sextanten, ein bekanntes Konzept war, geht aus der *Cantino*-Weltkarte (*Cantino Planisphere*) hervor. Nach Alberto Cantino benannt, einem Vertrauten des Herzogs von Ferrara (1431–1505), und von einem unbekannten portugiesischen Kartografen angefertigt, deutet sie als erste nautische Karte Breitengrade an. Da die Ränder der *Cantino*-Karte irgendwann beschnitten wurden, lässt sich nurmehr schwer feststellen, ob sie eine Breitengradskala enthielt. (Sicher ist, dass eine Breitengradskala spätestens 1506 eingeführt worden war, da auf einer Karte, die von dem portugiesischen Kartografen Pedro Reinel stammt, die erste erhaltene Breitengradskala auf dem Primärmeridian der Karte eingezeichnet ist.)

Angesichts der politischen Spannungen in der damaligen Zeit wurde die Urheberschaft wichtiger Dokumente wie der *Cantino*-Karte möglicherweise bewusst verschleiert. Sie verzeichnete als erste die portugiesischen Entdeckungen im Osten und Westen, stellte mit beachtlicher Genauigkeit Amerika einschließlich der Küstenlinie von Florida, die karibischen Inseln, Europa, Asien, Afrika und Teile der brasilianischen Küste dar, die erst 1500 von dem portugiesischen Entdecker Pedro Álvarez Cabral (1467 – um 1526) erreicht worden war; sie enthielt also strategisch wertvolle Informationen. Die Verwendung des Kartenmaterials wurde von den portugiesischen Behörden strikt überwacht; ihnen war daran gelegen, Informationen geheim zu halten, die für fremde Mächte von Nutzen sein konnten und den Zugang zu Ländern preisgaben, die im Zuge von portugiesischen Expeditionen entdeckt und mit portugiesischem Geld finanziert worden waren. Um die Kontrolle zu gewährleisten, wurden Kontore gegründet, die für Erhalt, Aktualisierung und Überwachung der Karten zuständig waren. Sie wurden nur aus der Hand gegeben, wenn eine Reise von höchster Stelle abgesegnet war, und mussten unmittelbar nach der Rückkehr zurückgegeben werden. Die strikte Überwachung der Portugiesen war keineswegs ungewöhnlich, da buchstäblich alle Seefahrernationen der damaligen Zeit bestimmte Karten unter Verschluss hielten, damit keine Informationen über Neuentdeckungen oder Zufahrtswege durchsickerten.

Trotz der strengen Sicherheitsvorkehrungen scheint es dem in Portugal geborenen Pferdehändler Cantino 1502 gelungen zu sein, die nach ihm benannte Karte zu kopieren und nach Italien zu schmuggeln. Obwohl sie aufgrund neuer Entdeckungen der Portugiesen nach wenigen Monaten veraltet war, verschaffte sie den Italienern durch die Kenntnis der südamerikanischen Küstenlinie lange vor anderen Handelsnationen Wettbewerbsvorteile, und folglich nahmen sie die Informationen auch in nachfolgende Karten aus eigener Herstellung auf.

Positionsbestimmung auf See

Während die Länder versuchten, den Zugriff auf bestimmte Karten zu beschränken, wurden die Verfügbarkeit und das Interesse an einheitlichen, verlässlichen Navigationsinstrumenten durch die Entwicklung der Druckerpresse und das wachsende Handelsvolumen gefördert. Der erste brauchbare Seeatlas, der *Spieghel der Zeevaerdt* (Spiegel der Seefahrt), wurde 1583-84 von dem holländischen Kartografen Lucas Janszoon Waghenaer (1533–1606) angefertigt. Dieses Kartenwerk wurde in mehrere Sprachen übersetzt und setzte nicht nur Maßstäbe, sondern stellte auch eine beträchtliche Erleichterung für die Navigation dar. Es wurde von den Seefahrern in aller Herren Länder so häufig benutzt, dass man Seekarten bald nach dem Holländer als *Wagoner* bezeichnete. Sie wurden nach jeder Neuentdeckung geändert und aktualisiert. Doch selbst mit zunehmender Verbreitung wurden bestimmte Informationen geheimgehalten. Die Seekarte *Der Atlantik* von Willem Janzoon Blaeu (1571–1638) verzeichnete beispielsweise die besten Routen nach Nord- und Südamerika und wurde von den Holländern mehr als ein Jahrhundert als Staatsgeheimnis gehütet.

Bald trug ein neues Messinstrument, der Spiegelquadrant oder Oktant dazu bei, die Messung der geografischen Breite, die Genauigkeit der Karten und die Navigation zu verbessern. Obwohl schon um 1600 verschiedene Prototypen in Gebrauch waren, wurde erst 1730 ein verlässliches und genaueres Instrument erfunden. Der Oktant ersetzte die Vorläufermodelle und erwies sich als Herausforderung für das Astrolabium, das bis dahin bevorzugte Navigationsinstrument. Das Astrolabium war eine Art astronomischer »Computer«, der die Position von Sonne und Sternen ermittelte und primär der Bestimmung zeitbezogener Messfunktionen diente. Das nautische Astrolabium bestand aus einer Scheibe mit eingravierten Winkelskalen, die den Höhenwinkel der Gestirne maßen. Der Stand der Sonne um die Mittagszeit oder die Meridianhöhe eines Sterns mit bekannter Deklination wurden beobachtet, bestimmt und dazu benutzt, die geografische Breite festzulegen. Das Astrolabium war jedoch kein sonderlich genaues Instrument und Fehler von mehreren Grad waren keineswegs ungewöhnlich.

Der Oktant, der wesentlich präziser arbeitete, wurde von zwei Personen unabhängig voneinander entwickelt, dem englischen Mathematiker John Hadley (1682–1744) und dem amerikanischen Erfinder Thomas Godfrey (1704–1749). Auch der Oktant zielte auf die Winkelmessung eines Himmelskörpers zu einem bestimmten Zeitpunkt ab. Er ermöglichte jedoch präzisere Ergebnisse, da man die Messungen an der Horizontlinie ausrichten konnte, im Gegensatz zum Astrolabium, das Messungen in Bezug zum Instrument vornahm und daher Fehler in der Sinuswinkelberechnung von der Länge des Zeigers beinhaltete. Der Oktant wurde bald darauf von dem englischen Kapitän John Campbell (um 1720–1790) weiterentwickelt, der 1757 den Sextanten einführte. Durch eine Vergrößerung des Gradbogens des Oktanten, der beim Sextanten 60° statt 45° umfasste, wurden Winkelmessungen bis zu 120° (früher 90°) möglich.

Trotz solcher Fortschritte wurde die Zuverlässigkeit der Karten als ultimatives Messinstrument durch ein scheinbar unüberwindliches Hindernis zunichte gemacht, das seit Jahrhunderten bestand, für Entdeckungen und Handelsbemühungen aber von entscheidender Bedeutung war. Die Unfähigkeit, den Längengrad zu bestimmen, führte auf See oft zu längeren Routen, und da man weder vorteilhafte Winde noch Strömungen zu nutzen vermochte, erhöhte sich das Unfallrisiko, das der ganzen Branche zusetzte. Die spektakulären

Katastrophen, die aus Fehleinschätzungen der Position her-
rührten, waren wie beschrieben eine Triebfeder für die Gründung des *Board of Longitude*, das die britische Regierung 1714
aus der Taufe hob.

Inzwischen hatte die Geschichte vom »Längengrad-Dilem-
ma« weite Kreise gezogen, lange bevor die Uhrmacher ihr
Augenmerk darauf richteten – und einige Zeit danach –, was
zu vielen weit hergeholten Lösungsvorschlägen führte (siehe
ab S. 22). Die Entwicklung eines ebenso präzisen wie praktischen Messinstruments für die Bestimmung der geografischen Länge entpuppte sich als das weitläufigste und längste
wissenschaftliche Projekt, das es jemals gegeben hatte. Es
war grenzüberschreitend, erstreckte sich auf zahlreiche Länder und beschäftigte im Lauf der Jahrhundert viele herausragende Wissenschaftler in aller Welt. Obwohl ein interna-
tionales wissenschaftliches Unterfangen dieser Größenordnung heute keineswegs ungewöhnlich erscheinen mag,
erschwerte die damals herrschende strikte Geheimhaltung
zwischen den Ländern einen Austausch von Informationen;
hinzu kam, dass die Wissenschaft als individuelle Beschäftigung galt, die auf den Aktivitäten und Ergebnissen einzel-
ner Personen beruhte. Doch dass die Suche nach einer
Lösung so weit verzweigt war, unterstreicht die Dringlichkeit
des Problems.

Es war schon seit Längerem bekannt, dass es eine Verbindung
zwischen Längengrad und Berechnung der Erdrotation geben
musste, doch nur wenige glaubten, dass man eine Uhr konstruieren konnte, die stabil genug war, um die Härten einer
Seereise zu überstehen, und man meinte, das Problem, dass
man auf hoher See keinen festen Referenzpunkt an Land hatte, um die Zeit zu bestimmen, nicht würde überwinden können. Auf der Suche nach einem solchen Punkt richtete der
namhafte Astronom und Physiker Galileo Galilei als erster

sein Refraktions-Fernrohr auf Jupiter und schloss aus seiner Beobachtung, dass die Aktivitäten der lebhaftesten Jupitermonde, deren Rotationszyklen er schon 1612 aufgezeichnet hatte, als universaler Bezugspunkt für die Berechnung der geografischen Länge dienen könnten. Dieser Vorschlag hatte jedoch seine Tücken, da zum einen noch zu wenig über die Einzelheiten der Umlaufbahnen bekannt war, um den erforderlichen Genauigkeitsgrad zu erzielen, und die Beobachtungen zum anderen vom schwankenden Deck eines Schiffes auf hoher See erfolgen mussten. Um zumindest einen Teil des Problems zu überwinden, erfand Galilei ein Messinstrument namens *Celatone*, eine Art Helm mit einem daran befestigten Fernrohr, das der Träger nach Bedarf regulieren konnte, um die Schiffsbewegungen auszugleichen. Da diese Beobachtungsmethode ihre Grenzen hatte, konstruierte er eine Alternative, bestehend aus zwei halbkugelförmigen Gehäusen, die in einer mit Öl gefüllten Wanne schwammen. Das Öl sollte das Schlingern des Schiffes auffangen und das Gehäuse geradehalten, in dem der Beobachter saß. Der Vorschlag war so unpraktisch, dass er nie auf See, wohl aber zur Längenbestimmung an Land erprobt wurde. Obwohl viele große Denker vor ihm vergebens versucht hatten, das Problem der Längengradbestimmung zu meistern, arbeitete Galilei bis zu seinem Tod immer wieder an der Lösung des Problems.

Inzwischen wurde eine andere Technik zur Längengradberechnung neu überdacht und weiterentwickelt: die Monddistanz-Methode. Inspiriert von früheren Veröffentlichungen, die die Zeit in Bezug auf die Mondpositionen zu bestimmen versuchten – die erste stammte von Johannes Werner (1468–1522) und erschien 1514 in Nürnberg – ernannte der englische König Charles II. (1630–1685) nach der Eröffnung des 1675 gegründeten *Royal Observatory* in Greenwich John Flamsteed (1646–1719) zum Hofastronomen. Er erhielt den

Auftrag, einen strikten Zeitplan für die genaue Messung der Sternenpositionen zu erarbeiten. Später trugen mehrere miteinander verzahnte, von der Monddistanz-Methode beeinflusste Projekte dazu bei, den Weg für die Berechnung der geografischen Länge zu ebnen, u. a. das Werk des deutschen Astronomen Tobias Mayer (1723–1762), der damit Längen an Land bestimmte. Es fanden einige fruchtbare Kooperationen statt, einschließlich einer Konsultation des findigen Schweizer Mathematikers Leonard Euler (1707–1783), der sein Wissen um die schwierige Berechnung der Mondbewegungen beisteuerte. Euler war es gelungen, mithilfe verschiedener mathematischer Analyseverfahren die Umlaufbahnen und andere Aktivitäten verschiedener Himmelskörper zu bestimmen. Diese Informationen machten es Mayer möglich, detailliertere Diagramme zu entwickeln, um die Mondbewegungen vorherzusagen. Die Diagramme reichte er beim *Board of Longitude* zur Prüfung ein, in der Hoffnung, das begehrte Preisgeld zu gewinnen.

Die von Tobias Mayer zusammengetragenen, auf Eulers Berechnungen basierenden Informationen wurden von dem englischen Astronomen Nevil Maskelyne (1732–1811) auf See getestet; dieser war begeistert von dem Ergebnis und machte sich dafür stark, ein astronomisches Jahrbuch zusammenzustellen, mit dem man durch die Bestimmung der Monddistanzen den Längengrad auf dem Meer bestimmen konnte. 1766 machten sich Maskelyne und sein Team an die Arbeit und sammelten Informationen für Tabellen, u. a. über die Stellung von Sonne, Mond und anderen Planeten und Sternen; sie sollten astronomische, auf täglicher Basis gewonnene Daten für das Jahr 1767, in dem der Almanach erstmals erscheinen würde, ergänzen. Bis dahin hatten sich Zeitberechnungen, die sich auf die Positionsbestimmung mithilfe der Monddistanz stützten, als außerordentlich umständlich erwiesen; die Beobachtungen nahmen oft Stunden in Anspruch, und die Einführung von vorausberechneten Diagrammen und Tabellen verbesserte die praktische Anwendung der Methode, mit der sich die Berechnungszeit erheblich verkürzen ließ. Der regelmäßig erscheinende *Nautical Almanach and Astronomical Ephemeris* wurde hochgelobt und von Nevil Maskelyne zeit seines Lebens immer wieder überarbeitet. Er sollte das Standard-Navigationsinstrument für die Berechnung der geografischen Länge werden. Er beeinflusste das Schicksal zahlreicher Menschen und rettete vielen das Leben.

Zur gleichen Zeit, als Astronomen die Bewegungen des Mondes und anderer Himmelskörper aufzeichneten, begannen die Uhrmacher, ihre Ideen für eine mechanisch ausgerichtete Methode zur Längenmessung in die Waagschale zu werfen. Doch selbst Schwergewichte wie der französische Wissenschaftler und Mathematiker Jean-Baptiste Morin (1583–1656), der das Längenproblem auf seine eigene Weise mit einer abgewandelten Monddistanz-Methode zu lösen versuchte, und der berühmte Sir Isaac Newton bezweifelten, dass sich jemals eine Uhr konstruieren ließe, die den Anforderungen auf hoher See gerecht werden konnte. Doch der wachsende Tribut an Menschenleben und die wirtschaftlichen Kosten durch Verluste auf See sorgten in Verbindung mit verbesserten mechanischen Techniken für eine abermalige Überprüfung des alten Konzepts.

Zwei Jahrhunderte zuvor hatte Gemma Frisius (1508–1555), ein namhafter Astronom und Mathematiker, kompetenter Kartograf und Instrumentenbauer, bereits einen wichtigen Beitrag zur Entwicklung von Navigationshilfen und Geräten zur Landvermessung geleistet. Bekannt für die Genauigkeit der von ihm konstruierten Messinstrumente, skizzierte er 1533 eine Triangulationsmethode, um Koordinaten zu finden und die Entfernung zu einem bestimmten Punkt mithilfe des Sinusgesetzes zu ermitteln; diese Methode wird in der Landvermessung noch heute benutzt. Die Triangulationsmethode war auch bei der Bestimmung der Koordinaten und Distanz zwischen Schiff und Küste hilfreich. Zwanzig Jahre später konzentrierte sich Frisius auf die Entwicklung einer Uhr von solcher Präzision, dass Seeleute die geografische Länge anhand der Zeit im Verhältnis zu festgelegten Orientierungspunkten berechnen konnten. Die Idee wurde damals allenthalben belächelt.

Doch wie bereits erwähnt, machten sich in der Folgezeit viele Wissenschaftler daran, die Entwicklung der Uhren voranzutreiben. Der erste seetüchtige Marinechronometer wurde trotz der enormen wissenschaftlichen Anstrengungen auf allen Ebenen von einem Autodidakten, dem einfachen Zimmermann John Harrison entwickelt. Es handelte sich um ein tragbares Instrument, das die Zeit an einem bekannten Fixpunkt maß und damit einen relativen Bezugspunkt für die Positionsbestimmung bot. Im Gegensatz zur Breitenmessung, die mit dem Äquator einen naheliegenden Ausgangspunkt besaß, gab es für die Längenmessung keine derartige Bezugsgröße. Sie musste folglich erst benannt werden. Die Fähigkeit, Zeitunterschiede zwischen zwei Punkten zu messen, unter Einbeziehung der 360-Grad-Erdrotation innerhalb von 24 Stunden, lieferte Informationen, wie viele Grade diese Punkte voneinander trennten. Jeder Längengrad ist in ein 60-Minuten-Segment unterteilt, und in jeder Stunde dreht sich die Erde um 15 Grad, alle vier Minuten um ein Grad. Der nächste Schritt bestand darin, mittels Anwendung der Gesetze der sphärischen Geometrie die Position eines Schiffes auf der Karte zu berechnen.

Obwohl die britischen Kartografen 1851 den Greenwich-Meridian in London als Ausgangspunkt für die Längenmessung eingeführt hatten, wurde er erst 1884 als internationaler Primärmeridian oder Nullmeridian anerkannt. Bis zu diesem Zeitpunkt hatte man mit einer Reihe alternativer Ausgangspunkte geliebäugelt, wobei die größten Konkurrenten der Pariser und der Flandrische Nullmeridian waren. Insbesondere Frankreich weigerte sich, die Übereinkunft anzuerkennen und den Greenwich-Meridian zu übernehmen, der von der Internationalen Meridiankonferenz in Washington D.C. festgelegt worden war. In Frankreich bezog man sich bis 1911 für die Zeitmessung und bis 1914 zu Navigationszwecken auf den Pariser Nullmeridian, was bedeutete, dass viele vergleichende Karten weiterhin erhebliche Widersprüche enthielten.

Zunächst fanden die Chronometer wenig Verbreitung. Harrisons Uhren enthielten eine Unruh, die von einer Spiralfeder reguliert wurde und Temperaturschwankungen ausgleichen sollte. Trotz der exorbitanten Herstellungskosten wurde diese Konstruktion bei nachfolgenden Modellen weitgehend übernommen und war mehr oder weniger in Gebrauch, bis Mikrochips die Kosteneffektivität von Chronometern nachhaltig verbesserten. Vor ihrer Einführung befassten sich zwar einzelne Personen wie Thomas Earnshaw (1749–1829) mit der Entwicklung von Alternativen, die erschwinglicher und auf die allgemeine Seefahrt abgestimmt waren, doch auch diese waren immer noch teuer; folglich traten Chronometer ihren Siegeszug nur langsam an.

Die Reisen des Captain James Cook

Einer der ersten Seefahrer, der die neuen Messinstrumente zur Bestimmung der geografischen Länge zu nutzen verstand, war Captain James Cook (1728–1779). Der ebenso talentierte wie furchtlose Navigator vermaß und kartografierte viele Regionen der Erde erstmals. Obwohl frühere Expeditionen einen beachtlichen Beitrag zu den geografischen Parametern der Erde geleistet hatten, beschränkte er sich nicht auf diese Aktivitäten, sondern wirkte auch bei der Festlegung von Definitionen für Seekarten mit. Er unternahm drei ehrgeizige Erkundungsfahrten in den Pazifischen Ozean; bei der ersten (1768–1771) gelang es ihm, gemeinsam mit seinem englischen Landsmann, dem Astronomen Charles Green (1735–1771), genaue Längenmessungen durchzuführen, gestützt auf die Monddistanz-Methode und die Tabellen im soeben erschienenen *Nautischen Almanach*. Cook war von der *Royal Society*, einer illustren britischen Gelehrtengesellschaft, engagiert worden, um den Pazifischen Ozean anzusteuern und dort zu beobachten, wie der Planet Venus an der Sonne vorbeizog. Man hoffte, durch die Beobachtung des Venus-Transits von verschiedenen Längengraden aus Aufschluss über die Entfernung des Planeten zur Sonne und damit über die Dimensionen des Sonnensystems zu gewinnen. Obwohl man die Entfernung zwischen den Planeten und der Sonne mehrmals zu ermitteln versucht hatte, galten die Berechnungen lediglich als vorläufige Schätzwerte und die tatsächliche Größe des Sonnensystems war eine Frage, die Wissenschaftler damals brennend interessierte. Zu dieser Zeit wusste man nur von sechs Planeten, die ihre Bahn um die Sonne zogen, und die jeweiligen Intervalle wurden beobachtet und geschätzt. Doch diese relativen Entfernungen ließen sich nicht in absoluten Zahlen ausdrücken und eine verlässliche Aussage über die Größe des Sonnensystems war ein Traum, dem man lange vergebens nachjagte.

Der schottische Mathematiker und Astronom James Gregory (1638–1675), der in seinem 1663 veröffentlichten Buch *Optica Promota* eine detaillierte Blaupause für das erste realistische, praktische und kompakte Spiegelteleskop, Gregory-Teleskop genannt, lieferte, das später von dem Oxford-Physiker Robert Hooke (1635–1703) gebaut wurde, hatte als erster vorgeschlagen, den Venus-Transit zur Berechnung der Distanz zwischen Erde und Sonne zu benutzen. Der englische Astronom, Mathematiker und Geophysiker Edmund Halley (1656–1742), nach dem der berühmte *Halley'sche Komet* benannt wurde, griff in seiner Studie über die Korrelation zwischen barometrischem Druck und Höhe über dem Meeresspiegel diese Idee auf; 1716 skizzierte er eine Methode zur Entfernungsmessung zwischen Erde und Sonne, die auf einer Zeitmessung der Venuspassage an verschiedenen Stellen der Erde beruhte. Dieses relativ voraussehbare Ereignis kommt im Schnitt alle 120 Jahre vor, und dann gleich zweimal hintereinander im Abstand von acht Jahren.

Das größte mit diesem Konzept verbundene Hindernis bestand darin, dass Halley zu seinen Lebzeiten keine Gelegenheit hatte, den Venus-Transit selbst zu beobachten – er starb neunzehn Jahre vor dem nächsten Venus-Transit, der 1761 erfolgte. Hätte er zu dem Zeitpunkt noch gelebt, wäre er enttäuscht gewesen, denn die Bemühungen der Wissenschaftler, dieses Jahrhundertereignis zu dokumentieren, wurden zunichtegemacht durch das schlechte Wetter und zahlreiche andere Probleme, die eine Erhebung signifikanter Daten vereitelten. Infolgedessen maß man dem Transit im Jahre 1769 besonders große Bedeutung bei, da sich die nächste Chance, dieses Phänomen zu beobachten, erst wieder 1874 ergeben würde.

Eingedenk der Tatsache, dass kein zu dieser Zeit lebender Wissenschaftler oder Entdecker einen weiteren Venus-Transit miterleben würde, waren die Aufzeichnungen ungeheuer wichtig und die Erwartungen, die in Cook gesetzt wurden, hoch. An Bord eines Schiffes Seiner Majestät, der *Endeavour*, die am 12. August 1768 vom englischen Hafen Plymouth aus in See stach, befanden sich 94 Personen, darunter Cook, Green und ein junger Botaniker namens Joseph Banks (1743–1820), der später an der Gestaltung von Kew Gardens mitwirken sollte. Die Expedition hatte den Auftrag, Tausende Kilometer buchstäblich unbekannter Gewässer zu durchqueren, um den Bestimmungsort Tahiti anzusteuern. Damals war nur wenig über diesen entlegenen Winkel der Erde bekannt, da die Insel erst im Jahr zuvor von Europäern entdeckt worden war und Beschreibungen ihrer Größe und genauen Position erheblich voneinander abwichen.

Die Expedition ging aufgrund des extrem schlechten Wetters bei der Umrundung von Kap Horn zunächst auf südwestlichen Kurs, bevor sie den Pazifik westwärts durchquerte und am 13. April 1769 Tahiti erreichte. Nach annähernd acht Monaten auf See traf sie rechtzeitig ein, um den Venus-Durchgang aufzuzeichnen und sowohl den Tabellen des neuen Nautischen Almanachs als auch der Monddistanz-Methode als Grundlage der geografischen Längenmessung Glaubwürdigkeit zu verleihen.

Sofort nach der Ankunft machte sich Green daran, noch vor der Venus-Passage, die für den 3. Juni 1769 vorausgesagt war, eine Reihe von vorbereitenden Berechnungen und Messungen am Beobachtungsstandort durchzuführen. Obwohl der Tag der Venus-Passage klar und wolkenlos war, gab es einige enttäuschende Unstimmigkeiten in den Aufzeichnungen, da das Sonnenlicht, das die Atmosphäre der Venus durchdrang, einen Dunstkreis um ihre Scheibe erzeugte, sodass sie weniger scharf konturiert und der genaue Durchgang schwer zu messen war. Dieses Phänomen nennt man »Black Drop Effekt«, ein optischer Effekt, der auftritt, wenn das Sonnenlicht durch die dichte Atmosphäre der Venus gebrochen wird und der Planet eine scheinbar verzerrte Form annimmt.

Aus diesem Grund wichen Cook und Green in ihren Beobachtungen um 42 Sekunden voneinander ab; ähnliche Divergenzen traten an den 76 weiteren weltweiten Beobachtungsposten auf. Trotz aller Bemühungen erbrachten die Beobachtungen nicht die gewünschten Ergebnisse, da sie für eine Extrapolation zur Bestimmung der Größe des Sonnensystems zu ungenau waren. Die Messungen konnten erst Ende des 19. Jahrhunderts mithilfe inzwischen verfügbarer fotografischer Geräte durchgeführt werden, die eine exakte Dokumentation und Definition der Transit-Zeit ermöglichten. Doch für Cook und seine Mannschaft war die Expedition noch nicht zu Ende. Vor seiner Abreise hatte er von der Admiralität den geheimen Befehl erhalten, nach einer großen Landmasse Ausschau zu halten, die sich irgendwo im Süden zwischen Tahiti und Neuseeland befinden sollte und, wie einige Wissenschaftler der damaligen Zeit glaubten, ein unerlässliches Gegengewicht zu den Landmassen im Norden bildete. Es überrascht heute nicht, dass die Suche erfolglos blieb, doch sie zeigt, wie wenig seinerzeit über die geografischen Merkmale der Erde bekannt war. Cook nutzte die Gelegenheit auch dazu, mit einer relativ geringen Fehlerquote die Küstenlinie von Neuseeland zu vermessen und zu kartografieren, und er war der erste Europäer, der an der Ostküste Australiens vor Anker ging, wo er auf Aborigines traf. Während der gesamten Expedition führten Cook und seine Mannschaft gewissenhaft Beobachtungen durch und machten Aufzeichnungen über Flora, Fauna und Ureinwohner. Auf dem Weg nach Norden lief das Schiff am Great Barrier Reef auf Grund, und da sich die Weiterfahrt verzögerte, nutzte Green die erzwungene Ruhepause für die Niederschrift weiterer empirischer Daten.

Die *Endeavor* kehrte am 11. Juli 1771 von ihrer wagemutigen Weltumsegelung nach England zurück, und obwohl die Größe des Universums immer noch unbekannt war, enthielten die von Cook und seiner Mannschaft mitgebrachten Daten und Aufzeichnungen über unbekannte Arten, Länder und Meere zahlreiche nützliche Informationen. Die Leistungen von Cook und Banks wurden von der Wissenschaft und Öffentlichkeit gleichermaßen gefeiert. Banks kam jedoch nicht mehr dazu, die Ehrungen zu genießen: Er war auf der Rückreise an einer Tropenkrankheit gestorben, die er sich beim Aufenthalt des Schiffes in Batavia (heute Djakarta) zugezogen hatte. Nach einer Verschnaufpause von wenigen Monaten trat die *Royal Society* erneut an Cook heran. Obwohl die von seiner Reise mitgebrachten Indizien darauf hindeuteten, dass Neuseeland und Australien zwar relativ groß, aber nicht mit einer riesigen Landmasse verbunden waren und somit gegenteilige Hypothesen widerlegten, hielten einige Mitglieder der Akademie an der Überzeugung fest, dass die sogenannte *Terra Australis* existierte. Man war ausgehend von Cooks Aufzeichnungen zu der Schlussfolgerung gelangt, dass sich die Landmasse weiter südlich befinden müsse als angenommen.

Bei seiner zweiten Pazifikreise als Kapitän der *HMS Resolution* (1772–1775), dieses Mal in Begleitung des deutschen Naturforschers Georg Forster (1754–1794), nahm Cook Kurs auf einen südlicheren Breitengrad und gelangte am 17. Januar 1773 in den südlichen Polarkreis. Da Cook nicht wusste, dass er das Festland fast erreicht hatte, drehte er nach Norden ab, um den Proviant aufzufüllen. Wieder hielt er vergebens nach den sagenumwobenen Territorien Ausschau, doch während er die Gewässer des Pazifiks durchkämmte, kartografierte er zahlreiche kleine Inseln und zerstörte damit den Glauben daran, dass es die gesuchte Landmasse tatsächlich gab.

Im Verlauf der Reise führte er Längenmessungen mit dem K1-Chronometer durch, einer Abwandlung von Harrisons H4-Uhr, der aus der Werkstatt des britischen Uhrmachers Larcum

Kendall (1721–1795) stammte. Kendall hatte den K1 auf Anfrage des *Board of Longitude* konstruiert, da sich John Harrisons Modell als unerschwinglich und unpraktisch für ein breites Anwendungsspektrum auf See erwiesen hatte. Der K1-Chronometer wurde als Kopie des Harrison-Modells entwickelt; er kostete ca. 500 Pfund, ein Bruchteil der Summe, die man für die H4 bezahlen musste. Er hatte die Form einer großen Taschenuhr mit einem Durchmesser von ca. 13 Zentimetern und wog 1,45 Kilogramm. Mit dem K1-Chronometer sollten weitere Tests durchgeführt werden, da sich die Zweifel an der Leistungsfähigkeit des Harrison-Modells für Messungen auf See mehrten und frühere positive Testergebnisse als Zufallstreffer abgetan wurden. Der Ruf nach weiteren Versuchen auf dem Meer und einem wirtschaftlich annehmbaren Format wurde laut. Erst nach Cooks Reise fand der Chronometer die gebührende Akzeptanz als vertrauenswürdiges und einigermaßen erschwingliches Messinstrument, das über dreißig Jahre zur Standardausrüstung englischer Schiffe gehören sollte.

Obwohl Cook nach seiner zweiten Reise zunächst ehrenhaft Abschied von der *Royal Navy* genommen hatte, konnte er 1776 nicht widerstehen, ein weiteres Mal in See zu stechen. Abermals an Bord der *HMS Resolution* schlug er nun einen nördlichen Kurs ein, auf der Suche nach der legendären Nordwest-Passage. Obwohl er sie nicht fand, war er der erste Europäer, der 1778 die Hawaiianischen Inseln ansteuerte. Von hier aus ging es weiter nach Nordamerika; dort kartografierte er den größten Teil der Nordwestküste des Kontinents und bestimmte die geografischen Grenzen Alaskas, womit er die Weltkarte um zwei neue Areale bereicherte. Frustriert über seine vergebliche Suche nach einem Zugang zur Nordwest-Passage kehrte Cook nach Hawaii zurück, wo er 1779 bei Streitigkeiten mit Eingeborenen ums Leben kam.

Unermüdlicher Forscher:
Alexander von Humboldt

Allmählich verbesserten sich die Sicherheitsvorkehrungen; in der Folge nahm die Seefahrt, die bis dahin vornehmlich durch den Handel vorangebracht worden war, ein wissenschaftliches Gepräge an. Immer mehr Forscher zog es auf die Meere hinaus; sie waren fasziniert von dem, was sich jenseits ihrer Grenzen verbergen mochte, und unzufrieden mit den aufs Geratewohl erfolgten Aufzeichnungen der Seefahrer, die sich mehr für Ruhm und Reichtum als für wissenschaftliche Entdeckungen interessierten. Zu ihnen gehörte auch der französische Mathematiker Jean-Charles de Borda (1733–1799), der sich mit einer Arbeit im Bereich der Hydraulik einen Namen gemacht und die Vorliebe seiner Vorfahren für kriegerische Aktivitäten geerbt hatte. Seine Laufbahn in der Marine umfasste sowohl militärische als auch wissenschaftliche Unternehmungen und er leistete einen beachtlichen Beitrag zur Kartografie. Von seinem mathematischen Hintergrund profitierend, stellte de Borda eine Reihe trigonometrischer Tabellen vor, um die Vermessungstechniken zu erleichtern und voranzubringen. Er führte außerdem Studien über das Strömungsverhalten von Flüssigkeiten durch und suchte nach Möglichkeiten, Navigation und Schiffsinstrumente zu verbessern.

Ein von ihm entwickeltes Instrument war der Borda-Repetitionskreis (oder Wiederholungskreis). Obwohl ursprünglich für die Nutzung auf Schiffen gedacht, galt dieser bald als Hilfsmittel bei Berechnungen, die schließlich zur Entwicklung des metrischen Systems führten. Der Borda-Repetitionskreis ermöglichte in Verbindung mit der Triangulation eine genauere Entfernungsmessung als bisher möglich. Frühere Instrumente, die zu dem Zweck entwickelt worden waren, den Winkelabstand zwischen zwei Objekten zu bestimmen, zum

Beispiel für Höhen- und Längenmessungen oder Landvermessungen, waren fehleranfällig, weil sie sich auf die Fähigkeit des Beobachters stützten, zwei Objekte gleichzeitig im Auge zu behalten. Die später gebauten sogenannten Reflektionsinstrumente verwendeten Spiegel, um diesem Umstand Rechnung zu tragen. In diesem Bereich war vor allem der deutsche Astronom und Geograph Tobias Mayer (1723–1762) federführend: Er entwickelte ein verbessertes Landvermessungsgerät, den Reflektions- oder Wiederholungskreis, ein Instrument mit voller Gradeinteilung.

Der Borda-Repetitionskreis stellte eine weitere Verbesserung des Reflektionskreismodells für geodätische Anwendungen dar, indem er zwei gegeneinander drehbare und getrennte Ringe mit feststellbarer Visiereinrichtung und Fernrohr einführte. Damit entfiel die Notwendigkeit, dafür zu sorgen, dass die beim Reflektionskreis verwendeten Spiegel genau parallel waren, wenn man den Nullpunkt ablas, was die Handhabung des Instruments beträchtlich vereinfachte. Der Repetitionskreis verdankte seinen Namen der zunehmenden Genauigkeit der Messungen. Sobald die Winkelpunkte angepeilt waren, konnten die drehbaren Kreise und der Winkel immer wieder aufs Neue eingestellt und abgelesen werden; mit jeder Messung wurden die Messwerte genauer und die Fehlermöglichkeiten verringert. Der Repetitions- oder Wiederholungskreis wurde zu einem wichtigen Instrument in der geodätischen Vermessung und zum Vorläufer des heutigen Theodolithen, der vor allem in der Landvermessung und in der Ingenieurtechnik bei der Bestimmung von Horizontal- und Vertikalwinkeln Anwendung findet. Der Borda-Repititionskreis sollte vielen Forschern, darunter auch Alexander von Humboldt (1769–1859), die Landvermessung erleichtern.

Denn auch der junge Alexander von Humboldt machte sich mit den Erfordernissen bei der Vermessung der Erde vertraut, als er sich auf eine sechsjährige Forschungsreise nach Süd- und Nordamerika vorbereitete. Humboldt, Sohn einer Berliner Adelsfamilie, hatte schon in jungen Jahren ein starkes Interesse an Wissenschaft und Forschung gezeigt. Ihm wurde eine außergewöhnliche Ausbildung zuteil, während der er die Möglichkeit hatte, vielen illustren Wissenschaftlern seiner Zeit zu begegnen und von ihnen zu lernen. Einer dieser Mentoren, der Humboldt schon früh prägte, war der deutsche Botaniker Karl Ludwig Willdenow (1765–1812), der als einer der Begründer der Phytogeografie, der Untersuchung der geografischen Verteilung von Pflanzen, gilt.

Humboldt traf auch den deutschen Naturwissenschaftler und Ethnologen Georg Foster. Dieser hatte über die Reisen mit seinem Vater, unter anderem als Teil der zweiten Expedition Thomas Cooks in den Pazifik, ein großes Interesse an der Feldforschung entwickelt. Zusammen mit Forster nahm Humboldt an einer Forschungsreise durch Europa teil, die sie auf dem Heimweg über Paris führte, gerade zu der Zeit, als Jean-Charles de Borda auf Wunsch der französischen *Akademie der Wissenschaften* den Vorsitz des neu gegründeten Rates übernommen hatte, der die Maßeinheiten vereinheitlichen sollte (mehr dazu ab S. 113). Möglicherweise trafen de Borda und Humboldt in Paris aufeinander.

1796 verstarb Humboldts Mutter, er erbte ein großes Vermögen, das es ihm ermöglichte, seine Karriere im Staatsdienst aufzugeben und seine Neugierde auf die ihn umgebende Welt zu befriedigen. Humboldt begann umgehend mit den Reisevorbereitungen und brach 1799 zu seiner ersten Reise in Richtung Amerika auf. Im Zuge dieser und vieler weiterer Expeditionen führte Humboldt verschiedene Messungen durch, die magnetische Komponenten, aber auch meteorologische, geodätische und andere Naturphänomene betrafen, und kehrte jedes Mal mit einer Fülle neuer Daten zurück. Die

Forschungsreisen boten ihm auch die Gelegenheit, den abnehmenden Erdmagnetismus zwischen den Polen und dem Äquator zu messen und aufzuzeichnen, eine Tatsache, die bis dahin wenig Beachtung gefunden hatte. Humboldt machte sich gewissenhaft an die Überwachung der Daten und ordnete bei einer seiner nächtlichen Messungen als Erster die aktive Oszillation einer Magnetometer-Nadel, die er während einer Aurora borealis beobachtete, als Magnetsturm ein.

Die Aurora borealis ist eine wunderbar gefärbte, natürlich auftretende Form des Himmelslichts, oft grünlich oder rötlich leuchtend, wobei die Farbe davon abhängt, welche Gase in der oberen Atmosphäre interagieren. In der nördlichen Hemisphäre nennt man diese Lichterscheinungen Nördliches Polarlicht, da man sie bei Nacht zumeist in den Polarregionen beobachten kann, oder Aurora borealis, nach der römischen Göttin der Morgenröte (Aurora) und dem griechischen Wort für Nordwind (boreas). Ähnliche Lichterscheinungen gibt es auch in der südlichen Hemisphäre. Man nennt sie Aurora australis oder Südliches Polarlicht.

Die heftige Pendelbewegung der Magnetnadel während der Aurora borealis deutete darauf hin, dass das Lichtphänomen mit einer elektrischen Kraft verbunden sein musste. Daraus schloss Humboldt, dass in dem Lichtspiel geladene Partikel vorhanden sein mussten. Später konnte man beweisen, bestätigt durch die Reise der *Explorer I* 1958, dass Auroras als Ergebnis von Kollisionen geladener Teilchen in der Erdmagnetosphäre entstehen. Die Erdmagnetosphäre ist der Raum, der die Erde oder andere astronomische Objekte umgibt, und in dem solcherlei Ereignisse durch sein Magnetfeld erzeugt werden. Diese Region trägt auch dazu bei, Sonnenwinde sowie Energie und in ihre Sphäre eintretendes Material zu bremsen. Durch Satelliten konnte man inzwischen bestätigen, dass sich dieses magnetisierte Material entlang magnetischer

Feldlinien in Richtung der Erdpole bewegt. Dadurch werden die Auroras erzeugt.

Solche kurzzeitigen Umbrüche, Störungen im »Weltraumwetter«, die durch Sonnenwinde verursacht werden, haben Einfluss auf das Magnetfeld der Erde und haben Veränderungen der elektrischen Strömung in der oberen Atmosphäre zur Folge, die wiederum zu Magnetstürmen führen. Und einen solchen Magnetsturm, der durch eine Aurora borealis ausgelöst worden war, hatte Humboldts Magnetometer gemessen. Diese frühen Beobachtungen brachten Humboldt dazu, den Messradius des Magnetfeldes mithilfe eines koordinierten Messstationen-Netzwerks rund um die Welt zu erweitern. Mithilfe dieser breitgefächerten Datenerhebung hoffte er zu ergründen, ob die Magnetsturm-Aktivität terrestrischen Ursprungs war oder von der Position der Sonne abhing. Das Projekt war erfolgreich und die Informationen, die über das Netzwerk unter der Leitung des irischen Astronomen Sir Edward Sabine (1788–1883) eingingen, bestätigten den Zusammenhang zwischen Sonnenflecken und Magnetstürmen. Dieses Konzept gab den Anstoß für eine weltweite Zusammenarbeit bei der Erfassung geophysikalischer Informationen und sollte vor allem künftige Methoden der Messdatensammlung beeinflussen.

Als unermüdlicher Forscher legte Humboldt großen Wert auf die Wartung und Überprüfung der Messgenauigkeit seiner Ausrüstung und rückte damit auch ihre Bedeutung in den Blickpunkt. Zuvor waren Entdeckungen durch mangelhafte Messgenauigkeit der Instrumente nicht selten verzerrt gewesen, ebenso wie die daraus abgeleiteten Theorien, die auf fehlerhaften Beobachtungen beruhten. Humboldt drückte nicht nur der Datensammlung, für die er ein Faible hatte, sondern auch den Weltkarten seinen Stempel auf. Damals wusste man nur wenig über die Territorien, deren Konturen darin skizziert waren, und um die Geheimnisse der Natur zu ergründen und zu klassifizieren, musste man sie vor Ort erforschen. Humboldts Reise nach Südamerika war eine der ersten, bei der diese Region aus wissenschaftlicher Sicht beschrieben wurde, und die Ergebnisse trugen dazu bei, den Grundstein für die physikalische Geografie und Meteorologie zu legen. Studien über Temperaturanstieg und -abfall in Relation zur Meereshöhe führten zur Erstellung der ersten isothermischen Karte und zum Konzept der isothermischen Linien, das eine Methode für Klimavergleiche bot.

Mitte des 19. Jahrhunderts veröffentlichte Alexander von Humboldt, inzwischen 76 Jahre alt und einer der berühmtesten Männer Europas, sein wichtigstes Werk: *Kosmos*. Es umfasste vier Bände, die zwischen 1845 und 1859 erschienen; ein fünfter Band kam 1862 posthum heraus. Das Werk repräsentierte eine pragmatische, auf Erfahrungen basierende Beschreibung des physischen Universums nach damaligem Kenntnisstand, einen roten Faden, der die zahlreichen komplexen Naturphänomene harmonisch miteinander verband.

Beginn einer neuen Zeit: Die Evolutionstheorie

Gegen Ende der Französischen Revolution flammten in ganz Europa Feindseligkeiten auf, die darauf abzielten, das Gleichgewicht der Macht neu zu bestimmen. Das führte zu den Napoleonischen Kriegen und in der entscheidenden Seeschlacht bei Trafalgar, der größten, die die Welt jemals gesehen hatte, besiegte die britische Flotte am 21. Oktober 1805 unter dem Kommando von Admiral Horatio Nelson (1758–1805) die Franzosen und Spanier. Nelson fiel am Ende der Schlacht und sicherte sich seinen Platz in der Geschichte als größter britischer Seeheld.

Napoleons Machtbasis dagegen war geschwächt und zehn Jahre später erlitt er in der Schlacht von Waterloo eine endgültige Niederlage. Als er ins sichere Exil nach St. Helena verbracht und damit die Kriegsgefahr gebannt war, fanden die Briten für ihre Seeflotte eine friedvollere Verwendung: Sie sollte die Handelssicherheit des expandierenden britischen Weltreichs gewährleisten. Eine besonders wichtige Komponente dieses Unterfangens war die Aufgabe, genaues Kartenmaterial von Meeren und Küsten zu beschaffen.

Schon seit Beginn der Französischen Revolution hatte sich der Bedarf an verlässlichen Karten beträchtlich erhöht. In Kriegszeiten war es besonders wichtig, dass die Kommandanten britischer Schiffe über genaue Informationen verfügten, und so wurde 1795 das *Hydrographic Office of the Admirality* gegründet. Vorher waren Kapitäne auf seegängigen Schiffen, gleich ob im militärischen oder zivilen Sektor, selbst für die Informationsbeschaffung verantwortlich, und viele im Handel erhältliche Karten waren von zweifelhafter Qualität und Herkunft. Obwohl es mit dem *Hydrographic Office* endlich einen Seekarten-Lieferanten für die Schiffe der Streitkräfte gab, verbesserte sich die Verlässlichkeit der Karten zunächst kaum. 1808 übernahm jedoch Captain Thomas Hurd die Leitung des *Hydrographic Office*; er führte umgehend ein Prioritätensystem ein, das diejenigen Regionen der Welt bestimmte, die aufgrund ihrer strategischen Bedeutung eine bessere kartografische Erfassung verdienten. Südamerika befand sich ganz oben auf dieser Liste, da die ehemals spanischen und portugiesischen Kolonien nicht nur reich an Rohstoffen waren, sondern gerade erst ihre Unabhängigkeit von Spanien und Portugal erlangt hatten und anderweitige Wirtschaftsbündnisse zu schmieden suchten. Hurd verbesserte den Prozess der Kartenherstellung, der bis dahin trotz zusätzlicher Seekontrolle mit zahlreichen Fehlern behaftet war. Er stellte eine Gruppe kompetenter Marinewissenschaftler und Mathematiker ein, die das neu gegründete *Corps of Surveying Officers* bildeten, und stellte ihnen 1817 sechs Schiffe zur Verfügung, die ausschließlich Vermessungszwecken dienten.

Eines dieser Schiffe, die *HMS Beagle*, hatte bei ihrem zweiten Vermessungsauftrag einen jungen Naturforscher namens Charles Darwin (1809–1882) an Bord. Das Ziel dieser Expedition bestand darin, die während der ersten Reise begonnene Arbeit fortzusetzen und Teile Südamerikas zu kartografieren; des Weiteren sollte eine Reihe chronometrischer Messungen an verschiedenen Orten durchgeführt werden. In der Zwischenzeit war die Leitung des *Hydrographic Office* von Captain Francis Beaufort (1774–1857) übernommen worden, einem namhaften Hydrografen und Erfinder, der unter anderem die Beaufort-Skala als visuelles Mittel zur Bestimmung der Windgeschwindigkeit entwickelt hatte. Beaufort, weitgehend Autodidakt, kannte die schwerwiegenden Folgen ungenauer kartografischer Instrumente aus eigener leidvoller Erfahrung: Er hatte als Fünfzehnjähriger einen Schiffbruch überlebt, der auf ungenaues Kartenmaterial zurückzuführen war. Infolgedessen erhielt die Erhebung präziser Messdaten nun eine streng wissenschaftliche Note.

Nach zwei aufgrund schlechten Wetters fehlgeschlagenen Startversuchen konnte die *Beagle* 1831 unter dem Kommando von Captain Robert Fitzroy endlich in See stechen. Darwin musste feststellen, dass er leicht seekrank wurde, und nutzte jede Gelegenheit zum Landgang. Bei jedem Zwischenstopp notierte er seine Beobachtungen und sammelte zahlreiche Pflanzen- und Tierarten, katalogisierte sie gewissenhaft und schickte sie oft zu weiteren Untersuchungen nach England. Darwin war, anders als viele Forscher vor ihm, kein Entdecker mit Hang zur Wissenschaft, sondern einer der ersten Wissenschaftler, der sich aus ihrem Elfenbeinturm wagte, Feldforschung und komparative

Datenstudien betrieb und Klassifikationen durchführte. Damit setzte er ein Beispiel für die künftige Sammlung, Aufbereitung und Auswertung von Daten.

Im Zuge dieser Aktivitäten stellte Darwin fest, dass viele Tiere der gleichen Art in unterschiedlichen geografischen Lebensräumen Unterschiede im äußeren Erscheinungsbild aufwiesen. Er dokumentierte die einzelnen Merkmale und begann sich zu fragen, ob die jeweilige Umgebung für die Entwicklung dieser Variationen verantwortlich sein könnte. Aus diesen vernetzten Beobachtungen setzte er seine anfänglichen Theorien über die natürliche Auslese zusammen; dabei wagte er sich über das vorwiegend beschreibende Format hinaus, das Humboldt und andere bevorzugt hatten. Darwin war überzeugt, dass alle Organismen infolge der Anpassung an Veränderungen der äußeren Umweltfaktoren Merkmale herausgebildet hatten, die sie überlebenstüchtiger machten, und dass diejenigen, denen dieser Anpassungsprozess an die neue Umgebung nicht gelang, ausstarben. Durch die Evolutionstheorie führte Darwin das Konzept der Zeit in die Natur ein. Mit seinen Theorien wurden traditionelle Klassifikationssysteme und Nomenklatura »entrümpelt«, die man im Zuge jeder weiteren Expedition mit neu entdeckten Formen der Natur befrachtet hatte.

Die Expedition der *HMS Beagle* lieferte also nicht nur wertvolle, genauere Messungen für die Kartografie, wie vorgesehen, sondern ebnete auch den Weg für neue wissenschaftliche Forschungsbereiche und innovative Möglichkeiten, Informationen auszuwerten. Vor allem die Erforschung der Natur und die umweltspezifischen Messungen nahmen neue Formen und Funktionen an. Darwins Theorien über die natürliche Auslese, entsprungen aus seinem akribischen Bemühen um Beobachtungen und Erfahrungen aus erster Hand während seiner Forschungsreise an Bord der *Beagle,* bilden seither einen Eckpfeiler der modernen wissenschaftlichen Evolutionstheorien. Sie trugen außerdem zur Förderung der Biologie und verwandter Disziplinen bei, da sie eine bereichsübergreifende Hypothese zur Entstehung der Artenvielfalt boten. Das umfangreiche Wissen und die unkonventionelle Denkweise, die Darwin von seinen Reisen mitbrachte, unterstrichen die Bedeutung der wissenschaftlichen Feldforschung. Es ist Darwin und den wagemutigen Aktivitäten zahlreicher anderer Seefahrer und Forscher zu verdanken, dass sich wissenschaftliche Entdeckungen heute nicht mehr auf Schiffsreisen beschränken müssen. Die Risiken und Gefahren geografischer Unwägbarkeiten, die den ersten Seefahrern hart zusetzten, sind in den meisten Fällen nur noch eine ferne Erinnerung. Forschungsreisen sind und bleiben eine zentrale Kraft in der Wissenschaft, doch der Schwerpunkt hat sich verlagert: Heute geht es weniger um die chronologische Erfassung neuer Spezies und unbekannter Landstriche, sondern in erster Linie um Erhalt und Schutz der Arten und Umwelt, vor allem angesichts der Veränderungen, denen unser Planet unterworfen ist. Deshalb befasst sich ein Großteil der wissenschaftlichen Exploration mit der Dokumentation der daraus resultierenden Ergebnisse und der Erkundung von Möglichkeiten, optimale Resultate für die Umwelt zu erzielen.

Moderne Methoden der Positionsbestimmung auf See

Die Koordinaten der Welt sind weitgehend bestimmt und die Launen der Natur dank der Entwicklung moderner Messmethoden besser verständlich und vorhersehbarer geworden. Auch die Seeleute haben davon profitiert, denn Schiffe und andere Wasserfahrzeuge sind nicht mehr auf individuelle

Berechnungen oder mechanische Messverfahren angewiesen, sondern stützen sich auf elektronische Navigationshilfen wie LORAN (*Long Range Navigation* = Langstreckennavigation) oder globale Satelliten-Navigationssysteme, die Position, Wassertiefe oder Wetterbedingungen ermitteln und zahlreiche andere Informationen liefern.

Das LORAN-System wurde aus einer Technologie entwickelt, die schon dem britischen GEE-Funknavigationsprogramm aus dem Zweiten Weltkrieg zugrunde lag. Zunächst wurde LORAN von den USA und England für militärische Zwecke genutzt. Inzwischen untersteht LORAN der Verwaltung der jeweiligen Staaten, in denen die Sendestationen stehen. Das System besteht aus terrestrischen Funknavigationsstrukturen, die zur Positionsbestimmung eines Schiffes oder Flugzeuges mit den Zeitintervallen der Signale arbeiten, die sie von den verschiedenen, zu einer Kette zusammengefügten Sendestationen empfangen. Das System misst die Zeitdifferenz zwischen dem Eintreffen der Signale, die von zwei Funkstationen zeitversetzt gesendet werden. Auf dieser Grundlage wird die konstante Zeitdifferenz bestimmt und mittels LOP, einer hyperbolischen Positionslinie, gekennzeichnet. Diese Linie hat die Form einer Hyperbel (Kegelschnitt). Die Positionslinie kann festgelegt werden, indem man die Zeitunterschiede beim Empfangen von Strahlungssignalen misst, die durch Rundfunkgeräte, Licht oder Geräusche erzeugt und von feststehenden Punkten ausgesandt werden. Da die Übertragungsgeschwindigkeit der Signale in einem festgelegten Gebiet relativ gleichbleibend ist, repräsentieren die Signale eine Konstante auf der Hyperbel, wobei die beiden gegebenen Punkte als Brennpunkte dienen. Es müssen mehrere hyperbolische Kurven angelegt werden, deren Schnittstelle die Position eines Schiffes anzeigt. Russland benutzt ein ähnliches System, CHAYKA genannt.

Diese Systeme, die Atomuhren verwenden, sind im Großen und Ganzen zuverlässig. Es gibt aber einige Einschränkungen, weil sie überwiegend auf Funk basieren und empfindlich auf Magnetstürme und bestimmte Wetterveränderungen reagieren. Da sie ausschließlich mit Boden-Sendestationen arbeiten, ist die Übertragung der Funkwellen in einigen Regionen besser als in anderen.

Seit einigen Jahren hat das GPS (Globales Positionsbestimmungssystem) mit vielseitigeren Anwendungsbereichen und verlässlicherer Sendeleistung der Funknavigation als generelle Messtechnologie den Rang abgelaufen. Das GPS ist das derzeit einzige Messsystem, das zu jeder Tages- und Nachtzeit gleich wo auf der Welt eine exakte Positionsbestimmung liefern kann, weitgehend unabhängig von Wetterbedingungen. Infolgedessen hat es eine breitgefächerte Palette von Funktionen und Anwendungen. Es stützt sich dabei auf eine Reihe von Satelliten, die in strategisch günstigen Positionen auf verschiedenen Orbitebenen um die Erde kreisen und Impulse in einem bestimmten Winkel zur Erde senden. Dabei werden sie ständig von rund um den Globus verteilten Bodenstationen überwacht. Die Satelliten sind mit extrem genauen Atomuhren ausgerüstet, die im Bereich einer Nanosekunde kalibriert sind, da die Erzeugung von Standardfrequenzen und die exakte Messung des Zeitpunkts der Signalübertragung entscheidend sind, um die Genauigkeit der Daten zu gewährleisten. Beide Systeme haben das Reisen – zu Wasser und PDS auch an Land – sehr viel genauer und dadurch sicherer gemacht.

Landvermesser und Kartografen

*»Wissen nennen wir den kleinen Teil der Unwissenheit,
den wir geordnet haben.«*

Ambrose Bierce

Landreisen waren früher kaum sicherer als Seereisen.
Schwer befahrbare Straßen, unbekannte Risiken und
unzählige Mühseligkeiten erwarteten diejenigen, die be-
schlossen, sich auf dem Landweg fortzubewegen. Dennoch
war dies jahrtausendelang nicht nur die wichtigste, sondern
auch eine unerlässliche Option: Reisen über Land sorgten für
Mobilität im Handel und boten die Möglichkeit, neues Land
zu finden, das man urbar machen konnte, wenn Dürren oder
andere Klimakatastrophen zu Missernten führten. Außerdem
stellten sie den einzigen Fluchtweg vor Seuchen oder Kriegen
dar. Während Seekarten binnen kürzester Zeit vielschichtiger
wurden, hinkten Landkarten dieser Entwicklung hinterher.
Die fortlaufenden Entdeckungen im »Goldenen Zeitalter«
und danach veränderten die kartografierten Grenzen, verschoben allmählich die Leerstellen, die als *Terra incognita*
gekennzeichnet oder gänzlich unbekannt waren und gaben
bekannten Einheiten Konturen, die jedoch Konturen blieben.
Doch genaue Landkarten waren unerlässlich für eine erfolgreiche Reise über oftmals heimtückische Wege, und deshalb
mussten Mittel und Möglichkeiten gefunden werden, den
Raum innerhalb der Umrisslinien zu vermessen.
Im Altertum wurden viele der ersten Teilbereiche der Landkarten nach langen und mühseligen Reisen von den Chinesen,

Ägyptern und Phöniziern ausgefüllt. Oft gingen sie mit akribisch aufgezeichneten Beobachtungen in den neu entdeckten Ländern einher. Obwohl so etwas wie ein Straßenformat existierte, wurde dieses seltener auf Landkarten dargestellt als Flüsse, Berge oder Ansiedlungen. Die Römer, für ihre Straßenbaukunst bekannt, gehörten im 3. Jahrhundert zu den ersten, die Straßenkarten anfertigten. Trotz der verzerrten Darstellung der Landflächen wurden das weithin gerühmte Straßennetz des Römischen Reiches und die Entfernungen erstaunlich präzise wiedergegeben. Mit dem Niedergang des Imperiums verfiel allerdings auch das mehr als 80 000 Kilometer umfassende, schnurgerade, eindrucksvolle römische Straßensystem.

Im Mittelalter hatten die meisten Straßen ein eher zufälliges Format, das von der Unbeständigkeit des Wetters, den Eigenheiten der Natur und den Grenzen des Landbesitzes bestimmt wurde. Erschwerend kam hinzu, dass ein Großteil der Landflächen in Europa im Lauf der Jahrhunderte mehrmals geteilt worden war oder den Besitzer gewechselt hatte, wobei verschiedene Messsysteme die jeweiligen Grenzen festlegten, von denen einige noch heute existieren. Anstatt diese Probleme anzugehen, dienten die damaligen Landkarten eher als deskriptive Reiseführer, die auf interessante Sehenswürdigkeiten verwiesen – als Orientierungshilfe waren sie kaum von Nutzen. Erste Entwicklungstendenzen in der Landkartenherstellung lässt die 1360 von unbekannter Hand gefertigte *Gough Map*, die Großbritannien darstellt, erkennen. Das Dokument geht klar über die Grenzen der beliebten schmuckvollen Reiseführer-Aufmachung hinaus: Hier sind Straßen eingezeichnet, die von Ort zu Ort führen, und Reiseentfernungen vermerkt. Auf früheren Karten gab es nur selten erhellende Daten mit Raumbezug, zum Beispiel über Ansiedlungen, die generell klein und spärlich bevölkert waren und kaum einer Navigationshilfe bedurften. Selbst in den Ballungszentren hielt sich die Anzahl der Bewohner und der architektonischen Veränderungen in Grenzen, da es oft mehrere Generationen dauerte, bis ein Bauwerk fertiggestellt war. Die Silhouette einer Stadt wandelte sich innerhalb einer Lebensspanne kaum und erforderte daher nur selten eine kartografische Aktualisierung. Vor der Einführung der mit Abmessungen versehenen Stadtpläne wurden Kleinstädte, Großstädte und Landmarken durch vereinfachte generische, anschauliche Symbole dargestellt. Auch in dieser Hinsicht scheint die *Gough*-Karte ihrer Zeit vorausgewesen zu sein, da sie zwischen Großstädten mit Klöstern oder Kathedralen, Kleinstädten und Dörfern unterschied und eine neuartige Kombination von kolorierten Signaturen verwendete.

Trotz dieses »Vorspiels« dauerte es noch geraume Zeit, bis es gang und gäbe wurde, Landkarten als maßstabgetreue Reiseplaner zu nutzen. Ein weiterer Schritt dorthin war die *Romweg-Karte*, erstellt von dem Deutschen Ehrhard Etzlaub (um 1455–1532), einem Multitalent mit Interesse am Instrumentenbau, an der Kartografie, Geodäsie und Astronomie. Sie sollte den Pilgern aus verschiedenen Teilen der Welt den Weg nach Rom weisen, da dort im Jahr 1500 das Heilige Jahr gefeiert wurde. Wie bei allen von Etzlaub entworfenen Karten befindet sich der Norden unten und der Süden oben auf dem Dokument. Die Karte stellt eine Region zwischen dem 41. Breitengrad (Neapel) und dem 58. Breitengrad (Viborg, Dänemark) dar. Längengrade sind nicht angegeben, aber angedeutet, da die Karte rechts, also im Westen, von Paris und links, also im Osten, von Budapest begrenzt wird.

Obwohl die Längenmessung an Land vor der Berechnung der geografischen Länge auf See möglich war, war das Verfahren auch dort sehr aufwändig, beinhaltete die Beobachtung der

Jupitermonde und die Aufstellung einer Pendeluhr, um die Sonnenzeit zu bestimmen. Die Entfernungen zwischen den Städten sind auf der *Romweg-Karte* in Punkten gemessen und markiert. Der Abstand zwischen zwei Punkten beträgt etwa 7400 Meter oder eine im deutschen Sprachraum gebräuchliche geografische Meile, beschrieben als ein 1/15 Äquatorialgrad. Vor der Einführung des metrischen Systems gab es in Deutschland ein kunterbuntes Messsystem, in dem buchstäblich alle Dörfer, Kleinstädte und Großstädte eigene Kennzeichnungen der Maßeinheiten hatten. Eine Landmeile wurde unterschiedlich definiert, je nach Region und historischem Zeitraum. Sobald sich das metrische System durchzusetzen begann, wurde sie auf 7500 Meter festgelegt.

Als renommierter Kompassbauer fügte Etzlaub eine stereografische Projektion in seine Karte ein, eine winkelgetreue Abbildung, die durch die Projektion der Erdkugel auf ein ebenes Format eine Kompassreferenz erlaubte. Für die Landkartenherstellung ein neues Instrument, gab es die stereografische Projektion, früher planisphäre Projektion genannt, schon lange, vermutlich seit der Zeit der alten Ägypter. Hipparchus kannte sie bereits, und auch Ptolemäus lieferte in seinem Werk *Planisphaerium* eine detaillierte Beschreibung für ihre Anwendung bei Himmelskarten. Wieder angewendet wurde diese Methode sowohl in der *Gough-* als auch in der *Romweg-Karte*. Beide versuchten, die Routen und Maße genau wiederzugeben, für die damalige Zeit ein einzigartiger Nutzen. Es sollte ein weiteres Jahrhundert dauern, bevor diese Konzepte so weit entwickelt waren, dass sie in einem allgemeinen Format Verbreitung fanden.

Bis dahin gab es für Reisende und Kaufleute nur wenig Kartenmaterial, das vermessene Landwege in einem handlichen visuellen Format präsentierte; infolgedessen waren sie gezwungen, sich auf Reiseberichte in Buchform zu verlassen, die überwiegend individuelle Erfahrungen mit einzelnen Reiserouten schilderten. Sie enthielten gelegentlich eingestreute, in den meisten Fällen geschätzte Entfernungen zwischen den seitenlangen Beschreibungen von Sehenswürdigkeiten, Kleinstädten und ländlicher Idylle, auf die man unterwegs stieß. Diese Berichte wurden nach und nach anspruchsvoller und enthielten bisweilen Empfehlungen für alternative Routen, um Räubern und Wegelagerern zu entgehen, die ihr Unwesen trieben. Auch die Beschreibung der Straßen und die Berechnung der Entfernungen zwischen den einzelnen Etappen wurde gelegentlich durch numerische oder grafische Tabellen ergänzt, um sie anschaulicher zu machen.

Deutsche Kartografen und britische Formate

Der Anstoß zur Entwicklung detaillierter und genauerer Pläne für Städte und kleine Ortschaften kam von einer Reihe deutscher Kartografen. Zu den Pionieren gehörte der deutsche Kartograf und Hebraist Sebastian Münster (1488–1552), der 1544 das hochgelobte Buch *Cosmographia* veröffentlichte, das erstmals eine Weltbeschreibung in deutscher Sprache vorlegte und zu den anspruchsvollsten Werken des 16. Jahrhunderts zählt. Es wurde in der Folgezeit zu einem Standardwerk der Geografie und jahrelang immer wieder neu aufgelegt. Die *Cosmographia* beinhaltete verschiedene Karten mit Abbildungen von großen und kleinen Ortschaften, viele in der neuen, auf Berechnungen basierenden Planform. Da das Buch Landkarten nun auch für eine größere Bevölkerungsgruppe zugänglich machte, belebte sich das Interesse an der Geografie wieder und ebnete den Weg für genauere Landkarten.

Zwei weitere Deutsche, der Kupferstecher Frans Hogenberg (1536–1590) und der Theologe Georg Braun (1541–1622), damals Kanonikus in Köln, waren hierbei Vorreiter. Sie veröffentlichten 1572 den ersten Band des mehrbändigen Werks *Civitates Orbis Terrarum*. Dieser Atlas bildete methodisch Städte in aller Welt ab, enthielt skalierte Pläne, wirklichkeitsgetreue Darstellungen von Gebäuden in ihrer topografischen Umgebung, Stadtpläne aus der Vogelperspektive und Einzelaufrisse.

Als die Vermessung der Straßen, Ortschaften und anderer Details immer komplexer wurde, zeigte sich, dass eine grafische Interpretation die Informationen genauer und besser wiedergab als die seitenlangen, detaillierten Beschreibungen. In der Folge tauchten gegen Ende des 16. und zu Beginn des 17. Jahrhunderts in Großbritannien und in Kontinentaleuropa die ersten Karten im Blattformat auf, die Straßen in verschiedenen Regionen abbildeten. Dieses Format stammte ursprünglich von dem englischen Topografen John Norden (ca. 1548–1625), dessen Werk *Speculum Britanniae* die geografischen und historischen Gegebenheiten während der Tudor-Herrschaft umfassend widerspiegelte. Er verfasste des Weiteren eine Reihe lokaler geografischer Abhandlungen, von denen mehrere erst nach seinem Tod veröffentlicht wurden. Norden griff zu innovativen Methoden, um Maße darzustellen: Er entwickelte einen Vorläufer des Gitternetz-Systems, deutete Straßen oft durch eine gepunktete Doppellinien-Signatur an und führte eine Frühform der dreieckigen Entfernungstabelle ein. Die ersten französischen Karten mit eingezeichneten Straßen wurden von Melchior Tavernier (1564–1644), Spross einer weitverzweigten Familie mit tief reichenden Wurzeln im Verlagswesen, veröffentlicht. Landkarten in Blattformat, die Straßen und andere interessante Punkte abbildeten, setzten sich infolge verschiedener

Nachteile nur langsam durch. Ein Hauptproblem war, dass es keine allgemeingültigen Maßstäbe für Längen, keine Einheitlichkeit in der Darstellung und Skalierung der Karten gab. Das war insbesondere dann verwirrend, wenn man sich von einer Karte zur nächsten bewegte. Erst der 1675 veröffentlichte Atlas *Britannia* des vielseitigen Schotten John Ogilby (1600–1676), der u. a. als Übersetzer, Tänzer und Landvermesser tätig war, glich diese Nachteile weitgehend aus, indem er zum ersten Mal Landkarten im Streifenformat darstellte. Jede Seite bestand aus mehreren Streifen und erinnerte an die bandähnliche Präsentation der Beschreibungen in römischen Militärkarten, die aus einer schmalen langen Schriftrolle bestand. Die Straße, der es zu folgen galt, war senkrecht in der Mitte und Punkte von militärischem Interesse waren zu beiden Seiten vermerkt. Die römischen Schriftrollen waren unhandlich, da sie bei einem militärischen Vorstoß oder Rückzug ständig vor- und zurückgerollt werden mussten, um den Standort zu bestimmen. Um dieses Problem zu umgehen, verteilte der *Britannia*-Atlas die Aufzeichnung der wichtigsten Straßen in England und Wales auf hundert Kupferstichkarten, von denen jede in entsprechenden Anmerkungen an den Rändern auf die vorhergehenden Platten Bezug nahm, und bot zusätzliche Orientierungshilfen in Form einer Kompassrose. Ogilbys Karten erfassten mehr als zehntausend Kilometer Straße, alle akribisch zu Fuß mit einem Wegmesser erkundet. (Dieses Instrument zur Landvermessung bestand aus einem Rad und einem Gehäuse mit Uhrwerk, Zifferblatt und Zeiger, welcher die Umdrehungen anzeigten, die das Rad gemacht hatte.)

Die *Britannia*-Karten enthielten eine neue Meilen-Maßeinheit, die 1760 Yards (= 1,6093 km) entsprach. Sie war bereits im späten 16. Jahrhundert eingeführt worden, um Maße zu vereinheitlichen und Missverständnisse zu beseitigen, die daher rührten, dass auch zu dieser Zeit noch drei Meilenarten von unterschiedlicher Länge gebräuchlich waren. Das neue Standardmaß, das die alten Methoden der Meilenmessung nie ganz verdrängen konnte, erfreute sich nach Erscheinen des *Britannia*-Atlas großer Beliebtheit, sodass die Unsicherheit der Reisenden bezüglich der Entfernungen, die sie tatsächlich zurücklegen mussten, gemindert wurde.

1660 erhielt die Genauigkeit der Straßenkarten nochmals mehr Bedeutung, als das erste *Letter Office of England and Scotland* eröffnet wurde. Es ebnete den Weg für ein öffentliches Postwesen in England, da die Poststationen zuvor beinahe ausschließlich der Beförderung königlicher Depeschen vorbehalten gewesen waren. Durch diese Neuerung erhöhte sich das Volumen des Briefverkehrs, eine Belastung für das Straßensystem, das sich ohnehin schon in einem beklagenswerten Zustand befand. Selbst wenn die Karten verlässlich waren, waren es die Straßen nicht, und so wuchs der Druck, die bestehende Infrastruktur zu verbessern. Um das Projekt zu finanzieren, wurden Zölle eingeführt, die dazu dienten, die Straßen Stück für Stück instand zu setzen und leichter passierbar zu machen. Das verbesserte Straßennetz förderte die Reiselust, was wiederum den Bedarf an praktischen, genauen und handlichen Karten erhöhte. Mit einem Mal waren Karten nicht mehr den Reichen vorbehalten oder wurden der wertvollen Informationen wegen unter Verschluss gehalten. Sie verwandelten sich in ein Messinstrument für den alltäglichen Gebrauch, ein kartografisches, informatives Produkt.

Im 17. und 18. Jahrhundert begannen die Forscher dann ernsthaft, Land zu vermessen und zu kartografieren. Das riesige, bis dahin unberührte Territorium, das als Vereinigte Staaten von Amerika in die Geschichte eingehen sollte, stellte eine besonders große Herausforderung dar; es verlangte den Männern, die es zu vermessen und im Detail zu beschreiben versuchten, gewaltige Anstrengungen ab. Um diese Vermessungsaktivitäten in großem Maßstab zu unterstützen, wurden zwei Organisationen gegründet, die der Regierung unterstellt waren, die *U.S. Geological Survey* und die *National Ocean Survey*. Die zahlreichen Verbesserungen der Instrumente, die bereits eine genauere Darstellung von Meer und Himmel ermöglichten, erwiesen sich bei der Vermessung zerklüfteter Landflächen allerdings als wenig hilfreich. Die ersten amerikanischen Landvermesser sahen sich der Natur in unverbildeter Form gegenüber: Sie mussten Berge erklimmen und Moore und Sümpfe durchqueren, um mit Schritten, Seilen und Ketten die durch Landmarken wie Bäume und Felsen gekennzeichneten Grenzen zu bestimmen. Auf der Grundlage dieser Vermessungen wurden die Flächen von Ortschaften und Landparzellen festgelegt.

Die Entwicklung des Rasterschemas

Wer heute die USA überfliegt, sieht auf den ersten Blick, dass der Boden zwischen den Appalachen und den Rocky Mountains ein Muster aufweist, das einem Schachbrett oder Flickenteppich gleicht. Dieses Raster ist ein Überrest der amerikanischen Unabhängigkeitskriege und der Landgesetze, die daraus hervorgingen.

Die Amerikaner begannen den Kampf um ihre Freiheit ohne die martialischen Aktivposten, die man gemeinhin mit einem Krieg in Verbindung bringt: Armee, Marine, Schatzamt oder auch nur eine funktionstüchtige Regierung. Was sie besaßen, war Land, das sie nach einem Sieg durch Enteignung der Briten in ihren Besitz zu bringen hofften. Einen Monat nach der Unabhängigkeitserklärung am 4. Juli 1776 stellte der Kontinentalkongress diese Ressource zur Verfügung: Er bot hessi-

schen Söldnern, die im Dienst der Briten standen, unentgelt-
lich Land für Ackerbau und Viehzucht an, wenn sie ins amerikanische Lager überwechselten. Dieses Land sollten die
Deserteure nach Beendigung des Krieges als Bezahlung erhalten – jeder fünfte ließ sich auf den Handel ein. Diese Maß-
nahme war so erfolgreich, dass der Kongress im August 1776
bei der Rekrutierung amerikanischer Soldaten den gleichen
Anreiz bot. Dies taten damals allerdings die meisten Staaten
bei der Aushebung ihrer Armeen. Ein Freiwilliger musste nur
für die Dauer der bewaffneten Auseinandersetzungen Kriegs-
dienste leisten und hoffen, dass die USA gewannen.

Nach Kriegsende machten Soldaten und Deserteure ihre
Ansprüche geltend und der Kongress musste sich etwas ein-
fallen lassen, um sein Versprechen zu halten. Die Landfläche
der Vereinigten Staaten grenzte im Norden an Kanada, im
Süden an Spanisch Florida und im Westen an den Mississip-
pi. Die britische Kolonialmacht hatte die Besiedelung der
Gebiete westlich des Appalachen-Gebirges eingeschränkt, um
die Indianer zu beschwichtigen; nun wurden sie zum Verkauf
und Begleichen des »Handgelds« freigegeben. Um die Verteilung zu regeln, verabschiedete der Kongress 1785 den *Land
Ordinance Act*, der vor der Vergabe von Land die Vermessung
vorsah und schuf ein System, »rectangular survey« (recht-
eckige Landvermessung) genannt, das in Wirklichkeit auf
Quadraten beruhte.

Noch auf den englischen Miles und Acres (Morgen) basierend, wurden Breite und Länge mithilfe astronomischer
Messmethoden bestimmt, dann wurde ein Koordinatennetz
erstellt, in dem Nord-Süd und Ost-West orientierte Linien,
Meridiane genannt, in 24 Meilen-Abständen eingezeichnet
wurden. Innerhalb dieser 24×24 Meilen umfassenden Areale
kennzeichneten die Landvermesser sechzehn Townships
(Gemeinden) von jeweils 36 Quadratmeilen, die wiederum in

36 »Sektionen« von je einer 1 Quadratmeile unterteilt waren (entsprach 640 Morgen = 259 Hektar). Durch weitere Unterteilung entstanden 160 Morgen große »quarter sections« und 40 Morgen große »quarter quarter sections«, also Sechszehntelsektionen.

Für Land, das die Regierung verkaufte (und nicht als Handgeld-Zahlung verteilte), enthielt das Gesetz von 1785 Bestimmungen über die Preisbildung bei Auktionen, Mindestkaufmenge, und dass nur bar gezahlt werden konnte. Alle diese Vorgaben wurden allerdings nachfolgend gelockert. Wichtig war, dass beim Verkauf der sechzehnte Teil jeder Gemeinde für öffentliche Schulen reserviert werden sollte – womit die staatlich (aus Steuergeldern) finanzierte Ausbildung in den USA ihren Anfang nahm. Mit einem 1787 verabschiedeten Gesetz, das nur für die Region *Old Northwest* galt, schuf der Kongress die Voraussetzungen dafür, dass aus *Public Land* Bundesstaaten wurden, wobei jeder neue Staat in seiner Verfassung eine *Bill of Rights* (die unveräußerlichen Grundrechte jedes Bürgers enthaltend) einschloss und die Sklaverei verbot. Aus dem Gesetz von 1787 entstanden in der Folge die Staaten Ohio, Indiana, Illinois, Wisconsin und Michigan.

Die Raster- oder Gitternetzvermessung sollte in vielen Aspekten der amerikanischen Geschichte eine Rolle spielen: bei der Bereitstellung von Land für militärische Zwecke; beim Bau von Wasserstraßen, Autobahnen und transkontinentalen Eisenbahnlinien, die staatlich bezuschusst wurden; beim Bau von Einraum-Schulhäusern oder großen landwirtschaftlichen und technischen Hochschulen, denen urkundlich Land übertragen wurde, um die Bildung zu fördern; als Vorwand, um die Regierung zu betrügen, die Indianer zu übervorteilen und ein gesetzloses Verhalten zu fördern, das für den »Wilden Westen« als typisch galt. Aber sie wies auch Farmern Land zu, die sich als die erfolgreichsten der Geschichte erweisen sollten.

Satelliten-Navigation

»Wir dürfen nicht aufhören zu forschen. Und das Ende aller Erkundungen wird sein, dass wir dort ankommen, wo wir angefangen haben und dass wir über diesen Ort zum ersten Mal Bescheid wissen werden.«
T. S. Eliot

Trotz einiger Rückschläge im Zusammenhang mit dem US-amerikanischen »rectangular survey«-System erwies sich das Rasterschema als eine systematische Methode, um Landbesitz zu vermessen; es schuf die Voraussetzung für einen verlässlichen, einheitlichen Ansatz zur Kartenerstellung. Der »Präzedenzfall« des »rectangular survey«, verbunden mit den Ergebnissen vieler Jahrtausende der Forschung, Datensammlung und Technologie entstand eine Fülle unterschiedlicher Kartenformate, die heute eine unendliche Menge an Messdaten erfassen, darstellen und sich in beinahe jedem beliebigen Kontext als verlässliches Instrument verwenden lassen. Topografische Karten bilden beispielsweise sowohl natürliche als auch von Menschenhand geschaffene Merkmale einer Region ab und definieren die Grenzen von Städten, Staaten oder Ländern. Dreidimensionale Reliefkarten können ein bestimmtes Terrain wirklichkeitsgetreu im Miniaturformat wiedergeben. Und geografische Karten schließen oft wissenschaftliche Erkenntnisse ein, zum Beispiel über Landnutzung, Niederschlagsmenge, Bevölkerungsdichte und Erddynamik.
Fortschritte in der elektronischen Technologie, die überwiegend Mitte bis Ende des 20. Jahrhunderts erzielt wurden,

ebneten den Weg für eine Revolution in der Technik der Kartenherstellung, sorgten für eine Erweiterung und Demokratisierung. Die digitale Entwicklung verbesserte die Verfügbarkeit der kartografischen Instrumente, die heute unseren Alltag beeinflussen. Genau wie die Druckerpresse das Ende der handgearbeiteten Karten auf Pergament ankündigte, wurden die gedruckten Karten mit Einführung der Satelliten-Technologie durch rechnergesteuerte Navigationssysteme ersetzt.

Die heutigen Karten zeichnen sich durch dynamische Messmethoden aus, angefangen vom Satelliten-Navigationssystem bis hin zu elektronischen, bedarfsspezifischen Straßen- und Reiseangaben. Die Satellitensysteme, die diese Informationen bereitstellen, tragen zur Entwicklung neuer, facettenreicher Karten von der Oberfläche der Erde bei. Angesichts der Vielzahl verfügbarer Technologien ist die Vorstellung, dass die Oberfläche der Erde noch nicht in allen Einzelheiten vermessen wurde, vielleicht erstaunlich. Aber es bleibt genug Raum für Erkundungen, um Messverfahren »fein zu schleifen«.

Technologische Fortschritte machen es möglich, immer komplexere Beobachtungen und Messungen aufzuzeichnen. Dadurch wiederum können heutige Forschungen nach wie vor aufregende neue Erkenntnisse über Planeten, Länder und Ozeane, die Atmosphäre und den angrenzenden Weltraum liefern. Solche Entdeckungen verändern wie ehedem die Einstellung zu unserem Planeten und uns selbst. Ein Forscher, der sich über das Vertraute hinauswagt und Ereignisse in ungewohnter Weise deutet, gehört immer noch zu den Pionieren, die Ideen voranbringen und Vorschläge entwickeln, in unbekannte Regionen vorzudringen.

Das Fundament der Forschung allerdings hat sich eindeutig gewandelt. Im technologischen Kontext des 21. Jahrhunderts sind wir nicht ausschließlich bestrebt, weiße Flecken auf der Karte zu füllen. Heute sehen wir uns einer Reihe von Fragen gegenüber, die auch von uns die für die frühen Entdecker typische Abenteuerlust und Beherztheit erfordern. Viele Forscher müssen Front machen gegen akzeptierte Theorien und Überzeugungen, müssen Barrieren und Hindernisse überwinden, um erfolgreich zu sein. Mit einer ganzen Batterie von Messinstrumenten ausgerüstet, verschiebt sich der Fokus der Forschung zunehmend in die wissenschaftliche Richtung. Doch auch diese wissenschaftlich orientierten Aktivitäten, gleich ob als Feldforschung oder im Labor, erfordern den Instinkt der ersten Entdecker, um das auszuwählen und zu erforschen, was der Mensch noch zu wissen begehrt.

Obwohl viele Orte auf der Erdoberfläche bereist wurden, bleibt noch einiges auf unserem Planeten zu vermessen. In gewisser Hinsicht sind die Forschungsmöglichkeiten heute genauso vielfältig wie im Goldenen Zeitalter der Entdeckungen mit seiner »heroischen« Phase im ausgehenden 19. und 20. Jahrhundert. Nord- und Südpol gehörten zu den letzten Arealen auf dem Globus, die abgesteckt und vermessen wurden. Neue Messverfahren bieten Chancen für die Erforschung bisher unerreichbarer Regionen der Erde, beispielsweise der Tiefsee, deren Geheimnisse wir immer noch nicht vollständig gelüftet haben. Obwohl sich die Forschung überwiegend auf den physischen Planeten konzentrierte und auch heute noch ein entsprechender Bedarf besteht, haben wir in der letzten Hälfte des 20. Jahrhunderts unsere Grenzen und damit auch den Radius der Entdeckungen erweitert. Wir sind auf dem Mond gelandet und haben Raumschiffe weit in unsere Galaxie hinausgeschickt. In Zukunft könnte es Messverfahren geben, die uns ermöglichen, auch diese Grenzen zu überschreiten und Herausforderungen einer anderen Größenordnung anzugehen, beispielsweise die Überwindung von Zeit und Raum, wie wir sie heute definieren, um vielleicht Beweise für die Existenz anderer Lebensformen zu finden.

Die Basis aller Messungen

»Revolutionäre« Maße

»Die Endlosigkeit des wissenschaftlichen Ringens sorgt unablässig dafür, dass dem forschenden Menschengeist seine beiden edelsten Antriebe erhalten bleiben und immer wieder von Neuem entfacht werden: die Begeisterung und die Ehrfurcht.«

Max Planck, Nobelpreisträger für Physik

In der Frühzeit der Menschheit dachte man vermutlich nicht viel über die Einheitlichkeit von Maßen nach, doch als sich verschiedene Völker, Kulturen und Regionen entwickelten, wurde offensichtlich, dass ein gemeinsames, allen verständliches Messsystem unabdingbar war. Die Grundlage dieser festgelegten Maße war sekundär; wichtig war die Entwicklung eines Systems mit Referenzgrößen, die für alle die gleiche Bedeutung hatten.

Die Länge war eines der ersten Maße, die man zu definieren versuchte. Bevor es Messinstrumente gab, dienten Körperteile als Vergleichsbasis, die trotz unterschiedlicher Ausmaße leicht zugänglich, den meisten vertraut und in dieser Hinsicht zumindest eine Standardgröße waren. Eine der ersten körperbezogenen Maßeinheiten, die ca. 3000 vor Christus festgelegt wurde, war die ägyptische Elle, die vom Ellenbogen bis zur Spitze des ausgestreckten Mittelfingers reichte. Ungefähr fünfhundert Jahre später, um 2500 vor Christus, hatten die Ägypter diese Maßeinheit in Form einer Elle aus schwarzem Marmor standardisiert, zu der alle anderen Ellen in Bezug gesetzt wurden. Die Marmorelle war in 28 gleiche Abschnitte unterteilt, Fingerbreiten genannt. Vier Fingerbreiten entsprachen einer Handfläche, fünf einer Hand, und vierzehn Handbreiten einer Spanne. Die Fingerbreiten wurden weiter unterteilt, wobei die kleinste Einheit ein Sechzehntel Fingerbreite umfasste, knapp über einen Millimeter.

Die unterschiedlichen Gewichte waren ebenfalls ein Dilemma, und die ersten Schätzwerte bezogen sich auf den Körper, wie bei der Messung von Längen oder Entfernungen; sie spiegelten die Last wider, die ein Mensch oder Tier tragen konnte. Eine der ersten Gewichtseinheiten, die bis zu einem gewissen Grad vereinheitlicht wurde, war der Mina der Babylonier (ca. 50 Gramm).

Obwohl die Chinesen ihre Messsysteme unabhängig von anderen Kulturen entwickelten, versuchten auch sie, diese zu standardisieren. Mit den Handelsströmen, die in westliche Richtung führten, verbreitete sich auch das Konzept homogener Messmethoden. Doch erst als die Griechen die Bühne der Geschichte betraten, sollte diese Vorstellung mehr Gewicht erhalten und weitreichende mathematische Folgen haben.

Als die Römer die Griechen aus ihrer Vormachtstellung verdrängt hatten, setzten sie alles daran, die ägyptischen Standardmaße in ihrem Reich zu fördern. Das geschah weitgehend *per pedes*, wobei die Fußtruppen riesige Entfernungen zurücklegten. Der Fuß, in zwölf Uniciae oder Inches unterteilt, wurde die wichtigste Maßeinheit der Römer, die während ihrer Gewaltmärsche offensichtlich den ganzen Tag mit Zählen verbrachten. Fünf Fuß wurden zu einem Doppelschritt zusammengefasst und tausend Doppelschritte ergaben eine römische Meile. Berichten zufolge war ein römischer Soldat in voller Rüstung in der Lage, täglich 15 bis 20 solcher Meilen zurückzulegen. Diese Fähigkeit war von unschätzbarem Wert, wenn man an den Umfang des Römischen Reiches denkt, das im Osten weit entfernte Landstriche wie Parthien (Iran), im Süden Afrika (Tunesien) und im Norden Britannien (England) umfasste. Im Mittelalter florierte nicht nur der Handel, sondern auch die Vielfalt der Maßeinheiten. Es gab eine breite Palette von Messverfahren. Das römische System dominierte, das nicht nur eigene Definitionen bot, sondern auch Aspekte der babylonischen, ägyptischen und griechischen Maße integrierte. Messverfahren arabischen und skandinavischen Ursprungs ergänzten das kunterbunte Sammelsurium. Die Notwendigkeit einer Vereinheitlichung wurde schließlich in England erkannt. Man trug dem in der 1215 verabschiedeten *Magna Charta* Rechnung. Dieses Dokument, das den Grundstein für das heutige Verfassungsrecht in Großbritannien legte, bereitete die Bühne für eine allgemeine Standardisierung. Obwohl der Weg auf philosophischer Ebene vorgezeichnet sein mochte und die Maßeinheiten immer einheitlicher wurden, stammten die im Alltag gebräuchlichen noch immer aus den unterschiedlichsten Quellen und entzogen sich jeder systematischen Logik. In dieser Zeit führte man auch das drei Fuß messende Yard und die römische Gewichtseinheit Libra ein, die zum Pound wurde. Die englische Maßeinheit Stone entsprach 14 Pounds, eine Zahl, die sich vielleicht von der römischen Spanne (14 Handbreiten) herleitete.

Und so bildeten schließlich Yard (ca. 0,91 m), Pound (ca. 453 g) und die hinzugefügte Gallone (ca. 4,5 l) die grundlegenden Definitionsgrößen der Standard-Maßeinheiten, des sogenannten *Imperialen Systems*, das heute als britisches Messsystem bezeichnet wird. Trotz aller Bemühungen der Engländer konnte sich dieses System zunächst nur schwer durchsetzen, auch weil es einige Zeit dauerte, bis die darin enthaltenen Diskrepanzen beseitigt waren. Die Gallone gab es beispielsweise in drei Größen, je nachdem, was sie enthielt, und diese Abweichungen wurden erst im 19. Jahrhundert auf einen gemeinsamen Nenner gebracht.

Die britischen Maßangaben wurden von den USA weitgehend übernommen, jedoch teilweise leicht abgewandelt und unter dem Begriff *customary units* zusammengefasst. Diese Unterschiede vergrößerten die Verwirrung, da zum Beispiel die amerikanische Gallone als Flüssigkeitsmaß erheblich kleiner war als die englische Entsprechung. Im Grunde gab es überhaupt keine Flüssigkeitsmaße, die in beiden Systemen übereinstimmten. Auch bestimmte Gewichtseinheiten und das Längenmaß Inch unterschieden sich bis 1959 voneinander. Die Komplikationen, die aufgrund mangelnder Übereinstimmung hinsichtlich der Einheiten, ihrer Definition und des Gebrauchs der Messinstrumente entstanden, offenbarten, wie wichtig die Entwicklung und Einführung eines einheitlichen Maßsystems war, vor allem in Anbetracht der grenzüberschreitenden Ausweitung von Handel und wirtschaftlichen Aktivitäten. Als der Ruf nach einer internationalen Reform lauter wurde, verständigte man sich endlich auf eine Definition des benötigten Systems, das dazu dienen sollte, »alle messbaren Dinge zu messen«. Die Maßeinheiten sollten reguliert und klassifiziert werden, um geschäftliche Transaktionen zu erleichtern und einen fairen Handel zu gewährleisten. Da das englische Maßeinheiten-System per Gesetzesbeschluss eingeführt und durchgesetzt worden war, statt sich durch wissenschaftliche Analysen und Erwägungen zu qualifizieren, blieben etliche Unstimmigkeiten sowohl in der Definition als auch zwischen den relativen Werten der Einheiten bestehen. Es lag auf der Hand, dass dieses System kaum das angestrebte Maß an Vereinheitlichung bot und eine rationale, wissenschaftliche Ausrichtung erforderlich war.

Auf der Suche nach dem Urmeter

Die Entwicklung eines rationalen, kohärenten Maßsystems
ließ nicht lange auf sich warten, vorangetrieben durch die
Französische Revolution. Diese Revolution sollte Auswirkungen haben, die weit über die Grenzen Frankreichs hinausgingen. Die Bemühungen der Franzosen trugen 1799 maßgeblich
zur Entwicklung einer neuen wissenschaftlichen Klassifikation der Maße und Gewichte bei, des sogenannten metrischen
Systems. Aus diesem System wurden bestimmte Größen als
»Basiseinheiten« ausgewählt, von denen alle anderen Einheiten abgeleitet werden konnten. Die Geschwindigkeit ist beispielsweise keine Basiseinheit, weil sie als Zeitableitung des
Ortes definiert werden kann.

Im Zuge der Französischen Revolution wurden Ideale wie
Freiheit, Gleichheit und Brüderlichkeit genauso hoch geschätzt wie rationale, wissenschaftliche Denkansätze. In diesem Sinne hielt man nun nach einem Messformat Ausschau,
das objektiver und einheitlicher war, das keine willkürlichen
Maßstäbe setzte, sondern die Proportionen des Globus widerspiegelte, das als grundlegende Bezugsgröße, als Fundament
der Maßeinheiten in Frage kam. Infolgedessen hatte die Französische Akademie der Wissenschaften im Jahr 1790 die *Kommission für Maße und Gewichte* gegründet, die bei der Entwicklung eines neuen systematischen Maßsystems als bera-
tendes Organ dienen sollte.

Die Bedeutung, die man der Aufgabe beimaß, ging auch aus
der sorgfältigen Auswahl der Kommission hervor, die sich aus
illustren Mitgliedern der Gesellschaft zusammensetzte, einige
der einflussreichsten Denker und Erfinder der damaligen Zeit
eingeschlossen. Zu diesen Geistesgrößen gehörten: Jean-
Charles de Borda, Vorsitzender der Kommission und Erfinder
des bereits erwähnten Borda-Repetitions- oder Wiederho-

lungskreises; Marquis de Condorcet (1743–1794), Philosoph, Mathematiker und Sozialwissenschaftler, der mit seinen Beiträgen dem statistischen Sektor der Wirtschaft zum Durchbruch verhalf; Marquis Pierre-Simon de LaPlace (1749–1827), Mathematiker und Astronom, dessen Werk für die mathematische Astronomie grundlegend war; der Mathematiker Adrien-Marie Legendre (1752–1833); und Antoine-Laurent de Lavoisier (1743–1794), von vielen als Vater der modernen Chemie bezeichnet, der trotz seiner lebenslangen, aufopfernden Arbeit im Dienste der Wissenschaft, die enorme Fortschritte auf so unterschiedlichen Gebieten wie Chemie, Finanzwesen, Biologie und Ökonomie ermöglichte, in den Wirren der Französischen Revolution auf dem Schafott endete.

Eine der Messmethoden, die von der Kommission als weltweiter Standard in Betracht gezogen wurden, basierte auf einem Vorschlag, der großen Anklang in den Vereinigten Staaten und Großbritannien fand. Das Konzept war ein Jahrhundert zuvor von dem holländischen Astronomen Christian Huygens (1629–1695) entwickelt worden und basierte auf der Länge eines Pendels, das im Sekundentakt hin- und herschwang. Nach ausgiebigen Erwägungen und Diskussionen wurde dieser Vorschlag abgelehnt, mit der Begründung, dass er sich auf zwei willkürliche Maßeinheiten stützte, Pendellänge und Zeitdauer, die sich theoretisch ändern konnten und somit nicht dem Kriterium der Konsistenz entsprachen, das die Kommission anstrebte. Ein weiteres Problem war, dass die Schwerkraft der Erde variiert, je nach dem wo und in welcher Höhe man sich befindet, sodass leichte Abweichungen in der Bewegung des Pendels vorgezeichnet waren. Wäre der Vorschlag akzeptiert worden, hätten die USA und Großbritannien ironischerweise die Durchsetzung eines metrischen Systems für alle Staaten unterstützt, anstatt Obstruktionspolitik zu betreiben, als das von den Franzosen befürwortete und wissenschaftlich ausgerichtete metrische System eingeführt werden sollte.

Statt Huygens Konzept zu übernehmen, suchte die *Kommission für Maße und Gewichte* nach einem logischen Messsystem, das nicht nur weltweit einheitlich, sondern auch für die Ewigkeit gemacht war. Als Alternative zum Pendel und anderen potenziellen Lösungen sprach die Kommission eine Empfehlung für globalere Proportionen aus. Das Standardmaß sollte sich auf ein Dezimalsystem stützen, das mit der Erdmeridian-Messung verknüpft war. Das Element der Längeneinheit, der Meter, wurde als zehnmillionster Teil des Erdmeridianquadranten (die Strecke zwischen Nordpol und Äquator) festgelegt. Der Bezug des dezimalmetrischen Systems zur physischen Größe der Erde als Messgrundlage betonte die beabsichtigte weltweite Relevanz. Bevor dem Meter als Messgröße eine genaue Dimension zugeordnet werden konnte, musste allerdings der geodätische Meridianbogen genau ermittelt werden. Es waren bereits mehrere Messversuche unternommen worden, vor allem nachdem Newton behauptet hatte, die Erde sei nicht völlig kugelförmig, sondern an beiden Polen abgeflacht. Die Ergebnisse widersprachen einander und flößten wenig Vertrauen ein. Der französische Astronom und Landvermesser Pierre-François André Méchain (1744–1804), der dazu beigetragen hatte, die leeren Stellen auf den Karten von Norditalien und Deutschland zu füllen, erhielt den Auftrag, den südlichen Sektor des Bogens in der Region zwischen Rodez und Barcelona an der Stelle zu messen, an der er ans Mittelmeer grenzt. Die Vermessung des nördlichen Sektors von der Nordsee bis Dünkirchen wurde dem französischen Astronomen Jean-Baptiste-Joseph Delambre (1749–1822) übertragen. Die Messtechniken, die dabei zur Anwendung kamen, waren die Triangulation und der Borda-Repetitionskreis, der gerade erst entwickelt worden war und genauere Beobachtungen als früher ermöglichte.

Die sogenannte Meridianexpedition sollte nach einem Jahr abgeschlossen sein, nahm aber erheblich mehr Zeit in Anspruch: Die französische Revolution, die ihrem blutigen Ende entgegenging, scherte sich wenig um Aufträge, die man zur Zeit der Monarchie erteilt hatte. Delambre wurde mehrmals verhaftet, unter anderem, weil das Projekt vom König abgesegnet worden war, ein anderes Mal, weil er in den Verdacht geriet, ein Spion zu sein, da man die wissenschaftliche Ausrüstung, die er ständig mit sich herumschleppte, für Waffen hielt. Des Weiteren entzog man ihm die Aufgabe und übertrug sie einem waschechten Anti-Royalisten, nur um ihn kurze Zeit später erneut damit zu betrauen. Infolge der zahlreichen Hindernisse und Unterbrechungen verzögerte sich die Expedition beträchtlich. Trotzdem machte sich Delambre entschlossen und hartnäckig immer wieder neu ans Werk und konnte seine Ergebnisse im Februar 1799 der neuen *Internationalen Kommission für Maße und Gewichte* präsentieren – die frisch gebackene französische Interimsregierung hatte die *Akademie der Wissenschaften* und die ursprüngliche Kommission, die von ihr gegründet worden war, kurzerhand abgeschafft.

Während Delambre seiner mühseligen Aufgabe im Norden von Europa nachging, erging es Méchain im Süden kaum besser. Er erreichte Barcelona just in dem Augenblick, als sich Frankreich und Spanien am Rande des Krieges befanden. Seine Tätigkeit wurde zusätzlich durch einen Unfall mit beinahe tödlichem Ausgang und eine monatelange Genesungszeit erschwert. Als Méchain endlich mit seinen Messungen nach Frankreich zurückkehren wollte, war der Krieg ausgebrochen und er wurde interniert. Um sich die Wartezeit bis zu seiner

Ausreise zu vertreiben, beschloss er, seine früheren Messungen noch einmal zu überprüfen. Zu seinem Verdruss musste er feststellen, dass die neuerliche Berechung, auf welcher geografischen Breite Barcelona lag, nicht mit den Ergebnissen der Messung übereinstimmte, die er im Winter zuvor mit akribischer Genauigkeit durchgeführt hatte.

Kurz nach dieser verblüffenden Entdeckung beschloss Spanien, alle Angehörigen feindlicher Mächte umgehend des Landes zu verweisen, und Méchain sah sich gezwungen, in Italien Asyl zu suchen. Bedauerlicherweise musste er Spanien verlassen, bevor er die Gelegenheit hatte, die unterschiedlichen Ergebnisse seiner Breitengradbestimmung an Ort und Stelle zu korrigieren. Er konnte erst 1795 nach Frankreich zurückkehren, um seinen Bericht abzuliefern. Da er die Wichtigkeit und Folgen seiner Messungen kannte, sollte ihn die Diskrepanz ein Leben lang verfolgen; 1804 kehrte er nach Spanien zurück, um die leidige Angelegenheit ein für alle Mal zu begraben. Leider gelang es ihm nicht, da er gleich nach seiner Ankunft einer Tropenkrankheit erlag.

Trotz der zahlreichen Verzögerungen war die neu gegründete Kommission gerüstet, rasch auf die Ergebnisse der Meridianexpedition zu reagieren. Wenige Monate nach der Präsentation von Delambres und Méchains Schlussfolgerungen wurde der *Platin-Meterstab* eingeführt, der die Geburtsstunde des metrischen Systems anzeigte. Dieser Urmeter wurde zum Standardmaß des weltweiten Einheitensystems, das sowohl die menschlichen Fehler als auch die Grenzen der damaligen Messtechnologie verkörperte. Der von Delambre und Méchain berechnete Meter war in Wirklichkeit ein wenig kürzer als der zehnmillionste Teil der imaginären Linie, die vom Nordpol zum Äquator und durch Paris führte. Doch das zählte kaum, weil alle Messungen abstrakt sind, ungeachtet der Substanz ihrer Bezugsgrößen.

Obwohl dieses Projekt nicht das ursprünglich angestrebte genaue Ergebnis hervorbrachte, nämlich ein perfektes, auf die Größe der Erde bezogenes Maßsystem, war es an mehreren anderen Fronten erfolgreich. Es hatte vor allem eine Basiseinheit für die Länge gebracht, an der sich alle Dinge messen ließen. Neben Frankreich übernahmen die Länder, die von Napoleons Armeen besiegt wurden, das System als Erste, was abzusehen war, doch das Bedürfnis nach einer Vereinheitlichung war so groß, dass es binnen kurzer Zeit auch auf globaler Ebene Fuß fassen konnte. Das 1799 offiziell eingeführte System, das »für alle Menschen und für alle Zeiten« sein sollte, hatte sein Ziel im Wesentlichen erreicht.

Die Meridianexpedition von Delambre und Méchain führte aber nicht nur ein neues dezimalmetrisches System ein, sondern enthüllte auch, dass die Erdoberfläche uneben ist und weniger gerundet als ursprünglich angenommen. Diese Entdeckung verlieh dem Feld der Geodäsie Wachstumsimpulse. Die von den beiden Franzosen erhobenen Daten und die daraus resultierenden unterschiedlichen Messergebnisse unterstrichen die Wichtigkeit präziser, verlässlicher Messinstrumente. Die Informationen, die die beiden Forscher lieferten, machten zusätzliche Messverfahren notwendig, um die gewonnenen Informationen auf Fehler zu überprüfen, zu sammeln, und auch zu vergleichen.

Das Internationale Einheitensystem

»Wenn du das, worüber du sprichst, messen und in Zahlen ausdrücken kannst, dann weißt du etwas darüber. Wenn dir das nicht möglich ist, dann ist dein Wissen ärmlich und unbefriedigend.«
Lord Kelvin

Das derzeitige globale Einheitsmaßsystem ist ein modernes Format, eine aktualisierte Version des ursprünglichen, zunächst von Frankreich definierten und eingeführten metrischen Systems. 1875 unterzeichneten die Abgeordneten von siebzehn Ländern die *Meterkonvention*, die später als *Système International d'Unités* oder SI bekannt wurde. Heute haben ungefähr fünfzig Länder diese Messform als weltweiten Standard ratifiziert. Obwohl von den USA und Großbritannien wegen der Messdiskrepanzen und aufgrund nationalistischer Erwägungen (da ein Großteil der Messungen in Frankreich stattgefunden hatte) zunächst abgelehnt, gehörten auch sie später zu den Unterzeichnern. Dennoch blieben beide weitgehend bei dem veralteten Imperialen System, benutzten das SI lediglich für wissenschaftliche Zwecke und selbst dann nur in Ausnahmefällen. In Großbritannien sorgte erst die Parlamentsakte von 1963 für die Umstellung auf das metrische System, was erheblichen Widerstand in der Bevölkerung hervorrief.

Die Bedeutung eines einheitlichen Systems wird in der Welt der modernen Technologie besonders offenkundig, da dort Abweichungen und Missverständnisse bezüglich der Maßeinheiten katastrophale Folgen haben können. Mehr als ein Flugzeugabsturz war auf die Fehlinterpretationen von Anweisungen des Kontrollturms zurückzuführen, der die Höhe in Metern angegeben hatte, während der Altimeter die Höhe in Fuß anzeigte. Noch unglaublicher ist, dass die NASA, die 1999 ihre Sonde *Mars Climate Orbiter* infolge einer Kursüberkorrektur verlor, die durch einen Einheitenfehler im Navigationssystem verursacht worden war, erst 2007 bei Programmen zur Erkundung des Mondes und der Mondoberfläche voll auf das metrische System umstellte und bei bestimmten Weltraummissionen noch immer duale englische und metrische Einheiten benutzt.

Seit der Einführung des metrischen Systems in den Wirren der Französischen Revolution wurde es ständig aktualisiert, um wissenschaftlichen Bedürfnissen Rechnung zu tragen. Wissenschaft und Technik erfordern oft extrem genaue Messungen in kleinsten und/oder größten Einheiten, die über den alltäglichen Gebrauch hinausgehen. Die wissenschaftliche Forschung und Methodologie stützt sich auf die Wiederholbarkeit von Ergebnissen und deshalb repräsentiert die moderne Version des Systems viel genauere und einheitlichere Messverfahren als zu Delambres und Méchains Zeit. Heute versucht man, Maßeinheiten mit physischen Phänomenen zu koppeln, die klar definiert sind und sich beobachten lassen. Der Meter basiert beispielsweise nicht mehr auf dem ursprünglichen Platin-Meterstab, sondern wird als die Strecke beschrieben, die das Licht in einem Vakuum während einer bestimmten Zeitspanne zurücklegt, eine bekannte und verlässliche Messkonstante.

Das SI-System besteht heute aus sieben Basiseinheiten oder Basisgrößen, die sich auf physikalische Gesetzmäßigkeiten beziehen und von denen sich alle anderen SI-Einheiten ableiten lassen: Länge, Masse, Zeit, Stromstärke, thermodynamische Temperatur, Substanz- oder Stoffmenge und Lichtstärke. Diese Einheiten haben bei dem Versuch, sie immer mehr zu präzisieren, teilweise Werte angenommen, die willkürlich anmuten. Doch genau besehen ist das nicht der Fall, weil sie Messgrößen einer physischen Eigenschaft darstellen. Diese Messgrößen dienen dazu, die vorhandene Menge dieser Eigenschaft aufzuzeigen. Das System ist nicht statisch und kann bei Verbesserungen in den Messverfahren, Einheiten und Definitionen gemäß den internationalen Vereinbarungen angepasst werden.

Länge: Vor allem die Definition der Längeneinheit, des Meters, hat in Übereinstimmung mit den technologischen Fortschritten eine wechselvolle Geschichte aufzuweisen. Zuerst als zehnmillionster Teil der Entfernung zwischen Nordpol und Äquator festgelegt, wurde der Meter anschließend von einem Stab aus Platin und Iridium und Anfang 1900 durch die Wellenlänge von Cadmium (6438 λ) bestimmt; 1960 wechselte man zur Wellenlänge des Nuklids Krypton-86 (6058 λ) über. 1983 wurde der Meter dann mit der Strecke gekoppelt, die Licht in einem Vakuum in einer Zeit von 1/299 792,458 Sekunden zurücklegt.

Substanz: Die Einheit der Substanz- oder Stoffmenge wird durch das Mol bestimmt und überwiegend als Rechengröße genutzt. Aufgrund seiner Größe, $6,02214 \times 10^{23}$, auch Avogadro-Konstante genannt, wird das Mol normalerweise als Zahlenwert für subatomare, atomare oder molekulare Strukturen verwendet. Die Avogadro-Konstante ist nach dem italienischen Wissenschaftler Amedeo Avogadro (1776–1856) benannt und gibt die Anzahl der Atome oder Moleküle an, die in einem Mol eines Stoffes enthalten sind. Avogadro erkannte 1811 als Erster, dass gleiche Volumina verschiedener Gase (bei gleicher Temperatur und gleichem Druck) die gleiche Anzahl von Atomen oder Molekülen enthalten, das Gewicht aber unterschiedlich sein kann. In 12g Karbon-12 befindet sich beispielsweise die gleiche Anzahl von Molekülen wie in 24g Magnesium, trotz des doppelten Gewichts der Magnesium-Atome, da unterschiedliche Elemente mit unterschiedlicher Masse trotzdem aus der gleichen Anzahl von Partikeln bestehen.

Masse: Die Masse dagegen wird noch immer in Urkilogramm gemessen, eine Neudefinition steht noch aus. Die Einheit der Masse richtet sich an den archaischen Überresten der ursprünglichen metrischen Definitionen aus. Man hält noch an der breit gefächerten Vorstellung vom Gewicht einer Substanz fest. Die aus dem Jahre 1901 stammende Kilogramm-Definition bezieht sich auf einen Zylinder mit Platin-Iridium-Legierung, der in Frankreich aufbewahrt wird und genau das misst, was man erwartet: 1 Kilogramm. Das Kilogramm ausschließlich an diesem physischen Prototypen festzumachen, würde jedoch seine Stabilität als Messgröße unterminieren, da das Gewicht von der Schwerkraft am jeweiligen Standort abhängig ist; ein Objekt im Weltraum wiegt beispielsweise weniger als auf der Erde, und selbst auf der Erde ist die Schwerkraft unterschiedlich. Die Masse bleibt dagegen konstant. Das Konzept der Masse lässt sich demnach zutreffender als Maß für die »Trägheit eines Körpers« definieren, womit der natürliche Widerstand eines Körpers »gegen eine Änderung seines Bewegungszustands« gemeint ist. Da das Kilogramm eine wichtige Referenzgröße für andere SI-Einheiten darstellt, ist seine Verlässlichkeit besonders wichtig. Bisher wurden verschiedene Methoden erwogen, das Kilogramm als messbare, feststehende physikalische Konstante mit feststehenden Werten zu koppeln, so wie auch andere SI-Einheiten, anstatt es durch eine Platin-Iridium-Legierung zu definieren, durch einen Zylinder, der in Frankreich aufbewahrt wird. Zur Neudefinition gehört die Möglichkeit, es als Avogadro-Konstante zu beschreiben, was vermutlich zur Folge hätte, dass auch die Basiseinheit der Stoffmenge neu definiert werden müsste.

Zeit: Die Zeit wird durch die Sekunde bestimmt, die weltweit als Sechzigstel einer Minute gilt. Die Einteilung in Sekunden wurde erstmals nach der Entwicklung der Pendeluhr messbar, die eine Umstellung von der scheinbaren, auf der Sonnenuhr angezeigten Zeit auf die mittlere Greenwich-Zeit in Gang setzte. Doch diese Zeitmessung, die sich auf die unbeständige Erdrotation um die eigene Achse bezog, war als wissenschaftliche Grundlage unzulänglich und wurde 1960 gemäß den Werten der Sonnentabellen des amerikanischen Astronomen und Mathematikers Simon Newcomb (1835–1909) neu definiert. Diese Tabellen berechnen die orbitale Bewegung der Erde um die Sonne zu einem beliebigen Zeitpunkt und spiegeln astronomische Messungen wider, die im Lauf der Jahrhunderte gesammelt wurden, eine verblüffende Leistung in einer Zeit, in der es noch keine Computer gab. Doch die Einführung der Atomuhr stellte auch diese Messgröße in Frage. 1967 wurde die Sekunde neu bestimmt: Heute versteht man darunter die Zeit, die für 9 192 631 770 Schwingungsperioden des Nuklids Cäsium-133 vergeht.

Stromstärke: Die Basiseinheit der Stromstärke ist Ampere, nach dem französischen Physiker André Ampère (1775–1836) benannt. Die Einheit 1 Ampere ist die Stärke eines zeitlich unveränderlichen elektrischen Stroms, der durch zwei im Vakuum im Abstand von einem Meter parallel angeordnete, geradlinige, unendlich lange Leiter fließend, zwischen diesen Leitern je eines Meters Länge die Kraft 2×10^{-7} Newton hervorrufen würde. Die davon abgeleitete Maßeinheit der elektrischen Ladung, Coulomb genannt, ist als Menge des elektrischen Stroms der Stärke 1 Ampere festgelegt, der in einer Zeitdauer von einer Sekunde durch einen Leiter transportiert wird.

Temperatur: Eine weitere Basiseinheit ist das Kelvin. 1 Kelvin ist als 273,16ter Teil des thermodynamischen Temperaturunterschieds zwischen dem Tripelpunkt des Wassers und dem absoluten Nullpunkt definiert. Der Tripelpunkt ist die Temperatur, in der Wasser gleichzeitig als Gas, in flüssiger Form und als feste Masse (Eis) vorkommt. Diese Beschreibung setzt die Kelvin-Skala in Bezug zur Celsius-Skala. Die niedrigste Temperatur, der absolute Nullpunkt auf der Kelvin-Skala, entspricht −273,15 °C; der Tripelpunkt des Wassers liegt bei 273,16 K oder 0,01 °C. Die Kelvin-Einheiten wurden zunächst wie bei anderen Temperaturskalen als Grad bezeichnet, doch 1967 umbenannt, um Verwirrung zu vermeiden. Sie werden verwendet, um die Farbtemperatur von Lichtquellen zu messen. Auch die Klassifikation der Sterne basiert teilweise auf ihrer jeweiligen fotosphärischen Temperatur.

Lichtstromdichte: Die siebte Einheit ist die Lichtstärke Cadela. In Candela gibt man die Lichtstärke an, mit der eine Lichtquelle in eine bestimmte Richtung strahlt. Candela ist definiert als »Lichtstromdichte einer Strahlungsquelle, die monochromatische Strahlung der Frequenz 540×10^{12} Hertz aussendet, mit einer Leistung von 1/683 Watt pro Steridiant.« Ein Steridiant ist ein Raumeinheitswinkel, dessen Scheitelpunkt sich in der Mitte einer Kugel befindet. Der Steridiant ist die Fläche, die ein Kegel auf der Oberfläche der Einheitskugel (mit dem Radius 1) herausschneidet.

Vor dieser Definition bezog sich ein Candela auf die Leuchtstärke einer »Haushaltskerze« von bestimmter Zusammensetzung und später auf die Leuchtkraft des sogenannten Planck-Radiators. 1979 wurde die derzeitige Definition eingeführt.

Man kann erkennen, dass keine der SI-Einheiten endgültig festgelegt ist. Vielmehr werden sie ständig weiterentwickelt. Infolge der stetigen Fortschritte auf dem Gebiet der Messtechnologien wäre es möglich, dass vier der oben genannten Einheitsmaße im Rahmen der 24. Generalkonferenz für Maß und Gewicht, die für 2011 anberaumt ist, neu definiert werden. Das Kilogramm wird mit großer Wahrscheinlichkeit sein archaisches Fundament verlieren und die Beschreibung von Ampere, Kelvin und Mole aktualisiert werden.

Den Planeten vermessen

Die Form der Erde

*»Es ist nicht das Wissen, sondern das Lernen, nicht das Besitzen,
sondern das Erwerben, nicht das Dasein, sondern das Hinkommen,
was den größten Genuss gewährt.«*

Carl Friedrich Gauss

Der Versuch, den geodätischen Bogen der Erde zu messen,
also zwei Punkte entlang der Kurve der Erdoberfläche,
war Ende des 18. Jahrhunderts nicht nur der Auftakt für die
Vereinheitlichung des Maßsystems, sondern verhalf auch der
Auffassung zum Durchbruch, dass die Erde nicht so kugelförmig sein könne wie angenommen. In der Theorie hatte man
im geodätischen Raum entlang der Kurve einer perfekten
Kugel gemessen. Doch in der Praxis brachten fortlaufende
Verbesserungen der Messverfahren neue Erkenntnisse, dass
die Landflächen nicht eben waren, sondern beträchtliche
Abweichungen in Bezug auf die Meereshöhe aufwiesen. Diese Beobachtungen verliehen der Entwicklung und Herstellung neuer Instrumente zur Vermessung und Abbildung der
topografischen Merkmale der Erde mit all ihren Unregelmäßigkeiten neue Impulse. Diese Instrumente wiederum sollten
dazu beitragen, die damit verbundenen geodynamischen Prozesse besser zu verstehen.

Doch der erste Schritt bestand darin, einen Bezugsrahmen für
die Gestalt der Erde und die Dokumentation der Erkenntnisse
zu schaffen. Zu diesem Zweck führten einige Länder im 19.

Jahrhundert Landesvermessungssysteme auf nationaler Ebene ein. Doch diese individuellen Aktivitäten führten abermals zu einer verwirrenden Vielfalt von Ergebnissen und Formaten.

Geraume Zeit zuvor hatte der englische Mathematiker und Physiker Sir Isaac Newton (1642–1727) zu erklären versucht, wie und warum die Planeten bestimmte Bahnen um die Sonne zogen, wobei er geistige Anleihen bei Galileis Gravitationsstudien über fallende Objekte und Keplers drei Gesetzen der Planetenbewegung nahm. Letztere waren Anfang des 17. Jahrhunderts veröffentlicht worden und stützten sich auf die Hypothese, dass sich die Planeten auf einer ovalen Bahn um die Sonne bewegten. Newtons Forschungen führten 1687 zur Veröffentlichung der *Philosophiae naturalis principia mathematica* (Mathematische Prinzipien der Naturphilosophie), eines Werks, das Meilensteine setzte. Es enthielt eine umfassende Beschreibung des von ihm entwickelten Gravitationsgesetzes und bot gemeinsam mit den drei Bewegungsgesetzen Keplers eine Plattform für ein neues Bild von der Wirkungsweise des Universums. Newtons Gravitationsgesetz ermöglichte die Messung der Anziehungskraft zwischen zwei Objekten mit einer spezifischen Masse.

Das erste Bewegungsgesetz, mit dem Newton zu erklären suchte, warum die Planeten ihre Bahnen um die Sonne zogen, definiert das Trägheitsprinzip als Neigung eines Körpers, im Zustand der Ruhe zu verharren oder sich mit einer gleichbleibenden Geschwindigkeit fortzubewegen, solange er nicht durch äußere Kräfte zur Änderung gezwungen wird. Das zweite Gesetz (Aktionsprinzip) bezieht sich auf die Masse, die gemessen wird durch den Widerstand, den sie gegenüber einer von äußeren Kräften herbeigeführten Veränderung der Richtung und/oder Geschwindigkeit leistet. Das dritte Gesetz (Reaktionsprinzip) besagt, dass auf einen Körper, der auf einen anderen Körper eine Kraft ausübt (actio), eine gleich große Kraft (reactio) in entgegengesetzter Richtung ausgeübt wird.

Aufgrund dieser Gesetze stellte Newton die These auf, dass die kreisförmige Bewegung der Erde und anderer Planeten, die ihre Bahn um die Sonne zogen, einer anderen Kraft unterliegen musste, nämlich der Schwerkraft, da eine andere Bewegung als die gerade Linie eine Änderung der Geschwindigkeit nach sich ziehen würde. Er vermutete auch, dass die Erde eine abgeplattete, ellipsoide Form besaß, Ergebnis einer Zentrifugalkraft auf dem Planeten, die beim Umkreisen entstand. Diese Zentrifugalkraft sorgt dafür, dass die Erde an den Polen abgeplattet und am Äquator aufgewölbt ist. Folglich ist die Erde keine ideale Kugel sondern eher oval.

Trotz des offensichtlichen Paradigmenwechsels, der das wissenschaftliche Denken bis ins 20. Jahrhundert prägte – bis Einsteins Relativitätstheorien die Grenzen dieses Modells aufzeigten –, verwarf eine andere Schule die Gravitationsberechnungen Newtons und behauptete, dass die Erde eine längliche ellipsoide Form besäße. Um den Disput zu beenden, wurden zwei Teams von der französischen *Akademie der Wissenschaften* beauftragt, verschiedene Meridiane zu messen. In einer abgeplatteten Welt mussten die Entfernungen zwischen den Graden größer werden, je mehr man sich den Polen näherte. Die Feldforschungen in den erreichbaren, am weitesten nördlichen Regionen Lapplands, die von 1736 bis 1737 unter der Leitung des französischen Mathematikers und Astronomen Pierre Louis Maupertuis (1698–1759) durchgeführt wurden, und die Messergebnisse, die der französische Mathematiker Pierre Bouguer (1698–1758) mit seinem Team unweit des Äquators (im heutigen Ecuador) zwischen 1735 und 1744 erzielte, ergaben übereinstimmend, dass Newton Recht hatte und die Erde an den Polen im Verhältnis 1:210 abgeflacht war. Während der Messungen hatte Bouguer festgestellt, dass

Messprojektionen mit vertikaler Ausrichtung den Hang besaßen, sich beispielsweise Bergen zuzuneigen, da diese zweifellos ihre eigene Anziehungskraft ausüben, was die Vermessung der unebenen Erdoberfläche zusätzlich erschwerte. Diese Beobachtung schlug sich später in den Versuchen nieder, den geodätischen Bogen zu vermessen. Bouguer unternahm in unterschiedlichen Höhen eine Reihe von Messexperimenten. Er wollte die Maßabweichung der Schwerkraft in der Höhe einer Masse, etwa eines Berges, und an deren Basis bestimmen. Mit diesen Experimenten war er der Erste, der den »horizontalen Zug« von Bergen in seine Berechnungen miteinbezog.

Die Gauß'sche Krümmung

Sobald die Form der Erde bestätigt war, begann die wissenschaftliche Suche nach Möglichkeiten, die »wellenartigen« Verwerfungen und andere Ungereimtheiten zu messen, um die tatsächliche Form der Erde festzustellen, die gegen Ende des Jahrhunderts als »Geoid«, als mathematische Figur der Erde bekannt wurde – im Gegensatz zum geometrischen Modell, des Erdellipsoids. Obwohl einige andere an verschiedenen Aspekten des Problems gearbeitet hatten, trug der deutsche Mathematiker, Wissenschaftler und Erfinder Carl Friedrich Gauß (1777–1855) zur Lösung vieler Rätsel bei, die eine genaue geodätische Vermessung erschwerten. Er entwickelte eine Definition der Erdform, in die er neue Einzelheiten über das Schwerefeld, das den Planeten umgibt, integrierte.

Gauß entwickelte ein Konzept, Gauß'sche Krümmung genannt, mit dem er demonstrierte, wie die Geometrie der Erdoberfläche sehr viel genauer berechnet werden könnte.

Dadurch wurde eine wesentlich präzisere Kartenerstellung möglich. Zum einen wurde besser berechenbar, welche Effekte die Gravität auf die Erdkrümmung hat. Zum anderen half das Konzept, den Unregelmäßigkeiten der Erdoberfläche in Bezug auf die Darstellung von Distanzen Rechnung zu tragen. Schon in frühem Alter hatte Gauß, der zum Leidwesen des Vaters keinerlei Neigung verspürte, in seine Fußstapfen zu treten und Steinmetz zu werden, mathematisches Denken und das Bestreben erkennen lassen, Messungen zu verbessern. Obwohl sein Vater anders darüber gedacht haben mag, erwies sich seine Karriereentscheidung für den Rest der Menschheit als Glücksfall, denn bereits mit achtzehn beschrieb Gauß die mathematischen Grundlagen der Kleinsten Quadrate, heute das mathematische Standardverfahren zur Ausgleichsrechnung, mit der man den Wert unbekannter Größen in einem statistischen Modell mittels einer Modellkurve ermittelt, um die Abweichungen zwischen angenommenen und beobachteten Werten zu minimieren. In der Praxis bot diese Methode Teillösungen für Probleme bei der Navigation auf dem Meer und der Erde, da sie die Möglichkeiten, Messfehler zu begehen, verringerte. Sie wird noch heute in der Wissenschaft benutzt.

Gauß entwickelte die Methode auf der Grundlage verschiedener Erkenntnisse aus dem 18. Jahrhundert, die sich vor allem auf optimale Aufzeichnungs- und Beobachtungsmethoden bezogen. 1801 berechnete er die Position des neu entdeckten, hinter dem Gleißen der Sonne verborgenen Asteroiden *Ceres*. Schon zu diesem Zeitpunkt hätte er die Nützlichkeit seiner Theorie der Kleinsten Quadrate nachweisen können, veröffentlichte sie aber erst 1809, in seinem zweibändigen Werk über die Himmelsmechanik *Theoria motus corporum coelestium* (Theorie der Bewegung der Himmelskörper). Das lag daran, dass der pedantische Gauß eine Theorie erst nach jahrelanger Überprüfung für druckreif hielt. Dummerweise kam ihm der französische Mathematiker Adrien-Marie Legendre 1805 mit einer Veröffentlichung zuvor, wodurch ein Streit darüber entbrannte, wer das Konzept als Erster eingeführt hatte. In Gauß' Buch war außerdem eine Beschreibung der sogenannten Gauß'schen Gravitationskonstante enthalten, die Auffälligkeiten in der weltweiten Schwerkraft-Verteilung mathematisch zu berechnen versuchte. Annähernd ein Jahrzehnt später machte sich Gauß daran, das Königreich Hannover geodätisch zu vermessen. Dadurch bot sich ihm die Gelegenheit, seine Theorien in der Praxis zu überprüfen. Da er die Grenzen der damaligen Vermessungstechniken, die sich auf die Methode der Triangulation bezogen, erkannte, konstruierte er den Heliotrop, einen Entfernungsmesser. Die Erfindung erwies sich als besonders hilfreich, da ein Großteil der geodätischen Arbeiten zuvor in der Nacht durchgeführt und Punkte in der Ferne, die am Tag leicht erkennbar waren, mit Hilfe von Lampen oder Fackeln anvisiert werden mussten. Die Erfindung des Heliotrops beseitigte dieses Hindernis auf geniale Weise: Die Konstruktion bestand aus einem Fernrohr und mehreren Spiegeln, die Sonnenstrahlen in direktem Winkel reflektierten und ein so helles Lichtsignal erzeugten, dass es sogar tagsüber, und wenn die Sonne schien, zu erkennen war.

Doch die Resultate, die Gauß damit erzielte, waren dennoch nicht gut genug, da die Triangulationsmethode zur Messung der Seiten eines Dreiecks nicht flexibel genug war, um Variationen in der Erdform zu berücksichtigen und präzise Ergebnisse für die Bestimmung von Entfernungen zu ermöglichen. Eine weitere Hürde war, dass die mit dieser Methode durchgeführten Messungen von der Gravitationskraft am Standort abhängig waren, da man für die Markierung der Flächen ein Senkblei benutzte. Wie Bouguer und andere vor Gauß festgestellt hatten, entstanden dadurch zwangsläufig Ungenauigkeiten, da das Senkblei darüber hinaus von den Unwägbarkeiten der Erdform und der umgebenden Topografie beeinflusst wurde. Bei einer vollkommen runden Kugelgestalt der Erde hätte die Gravitationskraft bewirkt, dass das Senkblei stets zum Mittelpunkt wies. Doch dem war nicht so und wie Gauß vermutete, waren die Auswirkungen weltweit unterschiedlich und die Positionierung des Senkbleis bestimmte, auf welchen Teil der Erde es deutete. Das erwies sich als zusätzliche Komplikation: Man wusste zwar um die Erdform und die topografischen Unregelmäßigkeiten, hatte diesen Themen aber wenig Beachtung geschenkt.

Gauß arbeitete fieberhaft daran, die Messgenauigkeit zu verbessern, doch seine Instrumente und die Methode der Kleinsten Quadrate zur Optimierung der Messdaten konnten bestimmte Aspekte der Studie nicht beseitigen, da er auf sie keinen Einfluss hatte, beispielsweise nachlässig abgesteckte Basislinien. Sie standen Fortschritten im Weg. Doch trotz aller Einschränkungen trug die Vermessung des Königreichs Hannover dazu bei, Aufschlüsse über die Erdgestalt zu gewinnen. 1828 definierte Gauß eine Formel für die »mathematische Erdfigur«, wobei er die Unregelmäßigkeiten der Erdform und Fehler sowohl in den Messwerten der Instrumente als auch bei den Berechnungen berücksichtigte. Diese unregelmäßige, nicht-kugelförmige Erdfigur, die Gauß rein mathematisch berechnete und beschrieb, wurde ab 1873 Geoid genannt. Das Geoid wurde am Ende als Oberfläche mit konstantem Gravitationspotenzial (Bezugsfläche im Schwerefeld der Erde) auf Meereshöhe definiert; mit anderen Worten eine theoretisch idealisierte Form, wenn man sich die Komplikationen topografischer Eigenheiten wegdenkt.

Internationale Zusammenarbeit

Bald darauf wurde das *Zentralbüro der Internationalen Erdmessung* in Deutschland und Österreich-Ungarn gegründet. Beobachtungstechniken und -versuche hatten geodätische Systeme von kontinentalem Ausmaß geschaffen, ein globales Format stand indes noch aus. Das vorrangige Ziel der Organisation, Vorläufer der *International Association for Geodesy* (IAG) und der *International Union of Geodesy and Geophysics* (IUGG), war die Entwicklung einer Ellipsoid- und Schwerkraftformel, die eine Fülle von Ergebnissen aus getrennten Studien in einen harmonischen Zusammenhang bringen sollte und eine weltweit relevante Vereinheitlichung darstellte. Die meisten der dort präsentierten Formeln stammten von dem deutschen Geodäten und Fehlertheoretiker Friedrich Robert Helmert (1843–1917), der 1880 Teil I seines zweibändigen Werks *Die mathematischen und physikalischen Theorien der höheren Geodäsie* und 1884 Teil II veröffentlichte. Man schreibt ihm das Verdienst zu, 1906 die erste Ellipsoid-Berechnung der Erde durchgeführt zu haben, die bis auf hundert Meter genau war.

Das Konzept der Geodäsie erforderte definitionsgemäß eine Zusammenarbeit auf internationaler Ebene, aber die weltweite Kooperation kam nur langsam in Gang. Mitte des 20. Jahrhunderts, mit dem Beginn der kommerziellen Luftfahrt und der Erforschung des Weltraums, wurde ein einheitliches geodätisches System unerlässlich, erforderte integrierte globale Navigationshilfen und Prognoseverfahren. Die Messungen, die im Laufe der Zeit mit terrestrischen Methoden gesammelt worden waren, ließen sich nur schwer aufeinander abstimmen und waren Fehlern unterworfen, selbst wenn man Unterschiede in den lokalen Gravitationswerten berücksichtigte.

Erst die Einführung weltraumbasierter Technologien veränderte und erleichterte Verfahren, die genaue und zusammenhängende geodätische Messungen gestatteten. Die Überwachung und Messung von Veränderungen der Erdoberfläche dank globaler satellitengestützter Navigationssysteme erfolgt nun auf den Zentimeter genau. Wie Newton bereits erkannt hatte, sind die Konturen der Erde in erster Linie von der Erdrotation abhängig, die in der Mitte, am Äquator, eine Ausbuchtung verursacht. Zum Glück wird diese mehr oder weniger durch das Schwerefeld der Erde in Schach gehalten: Es wirkt gegen die Auswirkungen der Erdrotation und entschärft daraus entstehende geologische Entwicklungen, die zu topografischen Veränderungen in ihren festen, flüssigen oder atmosphärischen Regionen führen könnten.

Diese Genauigkeit bei der Vermessung der Gravitationsfelder und Anomalien der Erde ermöglichte zahlreiche Erkenntnisse über die Funktionen unseres Planeten und Verfahren, mit denen sich Ereignisse und Entwicklungen voraussagen lassen, angefangen von den potenziellen tektonischen oder vulkanischen Aktivitäten bis hin zur Entdeckung von Erdöl und anderen natürlichen Rohstoffen.

Lebensbedingungen auf der Erde

»Die Natur ist unerbittlich und unveränderlich, und es ist ihr gleichgültig, ob die verborgenen Gründe und Arten ihres Handelns dem Menschen verständlich sind oder nicht.«

Galileo Galilei

Der Prozess der Vermessung und kartografischen Darstellung der Erdform trug dazu bei, einige Geheimnisse zu entschleiern. Ohne die Erdrotation hätte unser Planet die Gestalt einer Kugel, was die Vermessung erleichtern, aber Probleme anderer Art hervorrufen würde. Vor allem würden infolge der fortlaufenden Bewegung der atmosphärischen Gase Orkane von einer solchen Stärke über die Erde fegen, dass wenig von ihr übrig bliebe. Die konstante Rotation ermöglicht eine Bewegung in Übereinstimmung mit der Atmosphäre; dadurch entsteht eine nach innen gerichtete Anziehungskraft, die analog dazu eine nach außen gerichtete Fliehkraft erzeugt und durch diesen Prozess die Ausbuchtung am Äquator hervorruft.

Viele langlebige, im Lauf der Jahrtausende entwickelte Messformen haben die Erdrotation und andere tagtäglich beobachtbare Phänomene oder physische Merkmale der Erde als Parameter benutzt. Das gilt auch für den Meter, der sich auf den tatsächlichen Erdumfang zu stützen versuchte und seit der Einführung anderer Größen als Standard-Maßeinheiten zu grundlegenden Konstanten in der Natur in Bezug gesetzt wird. Den Goldenen Schnitt zum Beispiel, eine Gleichung, die nach Ansicht vieler die Essenz des Schönheitsideals widerspiegelt, kann man in der Natur oft verdoppelt beobachten und vielleicht ist er von ihrem Beispiel abgeleitet. Diese mathematische Formel, von der Natur bevorzugt und nahezu perfektioniert, wurde ihrerseits für ökonomische Messungen und bestimmte Investitionsstrategien genutzt.

Auch die sinnbildliche Unterteilung der Zeit, die im Konzept der Uhr enthalten ist, war keine abstrakte Division, sondern Abbild unserer irdischen Existenz. Diese Unterteilung versucht, das Leben auf der Erde, das sich in eine Richtung entwickelt hat, die Vorhersehbarkeiten und die Launen der Erdrotation zu maximieren, die selbst von Präzisionsinstrumenten wie der Atomuhr Zugeständnisse verlangt, zu spiegeln und zu takten.

Die Entwicklung von Pflanzen zeigt beispielsweise, dass Arten, die mit einem Mindestmaß an Anstrengung Licht bündeln können, eindeutig im Vorteil sind. Eine Pflanze, die in Erwartung des Sonnenaufgangs ihr photosynthetisches Potenzial aktiviert, kann das Sonnenlicht bestmöglich nutzen und mit ihrer Energie haushalten, womit sie Pflanzen-Konkurrenten, denen solche oder ähnliche Eigenschaften fehlen, vermutlich den Rang abläuft.

Schon diese wenigen Beispiele zeigen: Obwohl Messungen lediglich die sichtbaren Auswüchse geistiger Artefakte darstellen, hängen sie ausnahmslos von einem Bezugspunkt ab, und es gibt keinen besseren als den Planeten, den wir bewohnen.

Wetter

Die Fähigkeit, Wettermuster zu messen und vorherzusagen, kann große Auswirkung auf unser Leben haben, sowohl auf täglicher Basis als auch längerfristig. Wetterinformationen können die Entscheidungsfindung bei wichtigen Aktivitäten beeinflussen, beispielsweise was in der Landwirtschaft angebaut oder wann die Ernte eingebracht wird, wann, wo und mit welchen Materialien gebaut wird, was wir anziehen und wann wir Raumschiffe ins Weltall schicken. Es gibt viele Faktoren, die sich fortlaufend wandeln und berücksichtigt werden müssen, um das Wettergeschehen in allen Einzelheiten zu erfassen; dazu gehören Veränderungen in der Atmosphäre, Temperatur, Windgeschwindigkeit, Luftdruck und Luftfeuchtigkeit.

Einige von ihnen, beispielsweise die Erdneigung und Rotation im Verhältnis zur Sonne, haben Veränderungen in den lokalen Wettermustern hervorgerufen und in Verbindung mit der Verteilung von Meer, Land und der Topografie Wärmedisparitäten verursacht, die von der Atmosphäre bestmöglich ausgeglichen und geglättet werden. Dabei können zeitweilig Stürme, Winde und ein Anstieg der Luftfeuchtigkeit entstehen.

Einer der wichtigsten Aspekte meteorologischer Messungen besteht darin, dass sie ein Prognoseinstrument darstellen und kurz- wie langfristig Auskunft über künftige Wetterentwicklungen geben. Früher waren die Kommunikationsmöglichkeiten zwischen geografischen Standorten begrenzt und es gab keine Möglichkeit, Wetterbeobachtungen von verschiedenen Standorten zu einem abgerundeten Bild zusammenfügen, Tendenzen und Entwicklungsrichtungen zu analysieren und somit eine Zukunftsprognose zu erstellen. Folglich war man auf Mutmaßungen angewiesen. Die Wetteranalyse wurde in dieser Periode überwiegend aus der unmittelbaren Wetterbeobachtung abgeleitet, die grundlegend bestätigte, was man bereits vor Augen hatte.

Zu Beginn des 19. Jahrhunderts, nach der Erfindung von Kommunikationsinstrumenten wie Telegraf und Telefon, verbesserten sich die Wetteraufzeichnungen. Die Meteorologen waren nun in der Lage, Wetterinformationen von verschiedenen Stationen systematisch zu erfassen und kartografisch darzustellen. Damit ließen sich Wetterbewegungen und Tendenzen analysieren und auf dieser Grundlage das Wettergeschehen und die Ergebnisse vorhersagen. Heute wird das Wetter von Satelliten, die atmosphärische Bedingungen auf verschiedenen Ebenen messen, und mit Bodeninstrumenten aufgezeichnet. Sie speisen die Daten in Rechner ein, die eine riesige Anzahl von Informationen über Wettermuster in verschiedenen Szenarien speichern. Infolgedessen hat sich die Genauigkeit der kurzfristigen Wettervorhersagen erheblich verbessert.

Luftdruck

Lange vor der Ankunft der Computer gab es Messinstrumente, die Wetterveränderungen in Zusammenhang mit der Verteilung und Bestellung landwirtschaftlicher Nutzflächen auf der Erde registrierten. In Übereinstimmung mit der wachsenden Landwirtschaft gewann die Wasserversorgung an Bedeutung. Um den Wasserspiegel mittels Pumpen zu heben, wurde das Barometer erfunden. Heute wird es zur Messung des Luftdrucks für die Wettervorhersage verwendet. 1643 wurde der Italiener Evangelista Torricelli (1608–1647) gebeten, ein Problem zu lösen: Wasser, das aus einer Tiefe von zwölf Metern an die Oberfläche befördert werden musste, stieg nur zehn Meter in den Saugpumpen, die damals von den Pumpenherstellern des Großherzogs der Toskana gebaut wurden. Torricelli machte sich an die Lösung des Problems: Er benutzte Quecksilber, das eine größere Dichte als Wasser hat. Er vermutete richtig, dass das Quecksilber das Wasser verdrängen würde, sodass es steigt. Er füllte den größten Teil eines Glasrohrs mit Quecksilber, das er an einem Ende verschloss, und tauchte dieses in ein mit Quecksilber gefülltes Gefäß, wo es weitgehend sank. Dabei entstand über der Quecksilbersäule im Rohr ein Vakuum, das später Torricello-Vakuum genannt wurde. Torricelli beobachtete, dass die Höhe der Quecksilbersäule im Rohr mit den Veränderungen des Luftdrucks stieg oder fiel. Somit hatte er das erste Barometer erfunden.

Obwohl sich Quecksilber-Barometer als besonders genaue Instrumente zur Messung von Luftdruckänderungen erwiesen, war ihre Anwendung begrenzt, weil sie unhandlich waren und die Quecksilberdichte aufgrund von Temperaturschwankungen variierte, sodass beim Ablesen der Werte entsprechende Korrekturen vorgenommen werden mussten. Um diese Nachteile zu überwinden, nahm der französische Erfinder Lucien Vidie (1805–1866) Anleihe bei einer aus dem Jahr 1698 stammenden Idee von Gottfried Wilhelm Leibnitz (1646–1716), dem deutschen Philosophen, Mathematiker und Erfinder einer Rechenmaschine. Vidie entwickelte 1843 das erste nicht-flüssige Dosen- oder Aneroid-Barometer. Es besteht aus einem beinahe luftleeren Hohlkörper aus Blech. Damit dieser nicht zusammenfällt, wird im Innern eine Feder eingeführt. Luftdruckänderungen bewirken eine Verformung des Hohlkörpers (Ausdehnung und Verdichtung). Eine Reihe von Federn und Hebeln reagieren auf die kleinste Bewegung des Hohlkörpers, die verstärkt und auf einen Zeiger an der Oberseite des Barometers übertragen wird. Der zeitliche Verlauf des Luftdrucks kann mithilfe dieser Methode auch in Form eines Barogramms aufgezeichnet werden. Der Barograf enthält in der Regel einen Mechanismus des Aneroid-Barometers, der mittels Nadel oder Stift Messveränderungen auf Folie oder Papier aufzeichnet; beide sind an einer Trommel befestigt, die von einem uhrwerkähnlichen Gerät angetrieben wird.

Da sich Barografen auf die Höhe kalibrieren lassen, werden sie oft bei Ballonfahrten oder beim Segelflug eingesetzt.

Ein Barometer misst den Luftdruck, was bedeutet, es misst und zeichnet die Masse der Gase in der Erdatmosphäre auf. Die Erdatmosphäre besteht vor allem aus Stickstoff und Sauerstoff, und enthält kleine Mengen Kohlendioxyd, Wasserdampf, Ozon, Argon und andere Edelgase. Wie alle Körper, die aus Masse bestehen, sind die Atmosphäre und die damit verbundenen Veränderungsprozesse der Schwerkraft unterworfen. Die Sonne spielt eine zentrale Rolle bei der Auslösung von Luftdruckänderungen. Die Erde absorbiert die von der Sonne erzeugte Wärme und gibt sie an die Luft ab. Die erwärmte Luft dehnt sich aus und steigt auf. Je weiter sie sich von der Erde fortbewegt, desto schwächer die Erdanziehungskraft und desto geringer die Luftdichte, sodass der Luftdruck abnimmt.

Ein Luftdruckabfall auf dem Barometer kündigt meistens Niederschlag oder eine Wetterverschlechterung an; ein Luftdruckanstieg deutet auf eine Wetterbesserung oder gutes Wetter hin. Wenn der barometrische Druck fällt, bedeutet das, dass Luft aufsteigt. Während des Aufstiegs kühlt die Luft ab, die darin enthaltene Feuchtigkeit fängt an, zu Wassertropfen, oder wenn es kalt genug ist, zu Eiskristallen zu kondensieren. Folglich regnet oder schneit es. Zur gleichen Zeit verursacht Luft, die in ein Niedrigdruckgebiet gezogen wird, in der nördlichen Hemisphäre eine sich gegen den Uhrzeigersinn drehende Spirale (in der südlichen Hemisphäre dreht sich die Spirale mit dem Uhrzeigersinn) und erzeugt dadurch Wind. Regionen mit konzentrierten Tiefdrucksystemen haben Stürmen wenig entgegenzusetzen, während Hochdruckgebiete bevorstehenden Wettersystemen Widerstand leisten und sie oft erfolgreich abwehren können.

Durch Bündelung der Daten, die zur gleichen Zeit von weit entfernten Wetterstationen aufgezeichnet werden, und Kombination mit den absehbaren Windverhältnissen lässt sich ein kurzfristiges Bild von Luftdrucktendenzen entwickeln und der Weg von Stürmen vorhersagen. Die Aufzeichnung solcher Informationen durch ein Netz von Wetterstationen diente im 19. Jahrhundert als erste Wetterkarte. Solche Karten versuchten, nahende Wetterfronten, Tiefdruckrinnen und Hochdrucksysteme zu ermitteln. Der Luftdruck kann mithilfe verschiedener Skalen gemessen werden, meistens wird er jedoch in Millibar angegeben. Bar, Dezibar (dbar) und Millibar (mbar oder mb) sind Luftdruck-Einheiten, die 1909 von dem britischen Meteorologen Sir Napier Shaw (1854–1945) eingeführt und 1929 auf internationaler Ebene integriert wurden. Sie sind nicht Teil des SI-Systems, aber SI-konform. Die offizielle SI-Einheit für den Luftdruck oder die Spannung (bei Werkstoffprüfungen) ist das Pascal (Pa). Darunter versteht man den Druck, den eine lotrechte Kraft pro Flächeneinheit ausübt. Sie wurde nach dem französischen Mathematiker Blaise Pascal (1623–1662) benannt, der Torricellis auf Experimenten mit dem Barometer beruhende Luftdruck-Theorien studiert hatte. In seinem 1647 veröffentlichten Werk *Experiences nouvelles touchant le vide* bestätigte er Torricellis Annahme, dass sich über dem Quecksilber im Barometer ein Vakuum befinden müsse, und verwarf damit Aristoteles These, die Natur »verabscheue« leere Räume.

Um auf die Problematik der Vereinheitlichung und die Unvereinbarkeit von Millibar und SI-Einheiten hinzuweisen, übernahmen einige Wissenschaftler und Meteorologen das standardisierte Pascal, ließen aber auch Millibar als Messgröße zu. Der nicht in Millibar gemessene Luftdruck wird oft als Hektopascal angegeben (1mbar=100 Pa); somit sind Hektopascal und Millibar vergleichbar und man kann beide numerischen Skalen beibehalten.

Temperatur

Die ersten Versuche, eine einheitliche Temperaturskala einzuführen, stammen nachweislich von dem griechischen Arzt Claudius Galenus (129–200 v. Chr.), der um 170 vor Christus eine »neutrale« Standardtemperatur vorschlug, bestehend aus Eis und kochendem Wasser in gleicher Menge. Die beiden Temperaturbereiche, die oberhalb und unterhalb der neutralen oder Basiszahl lagen, sollten in vier Einheiten oder Hitze- bzw. Kältegrade unterteilt werden. Eine Messskala aber erfordert ein Messgerät und eines der ersten war das Thermoskop, ein Mechanismus, der aus einem Glaskolben mit unten angesetzter langer Glasröhre bestand und in ein mit Wasser gefülltes Behältnis getaucht wurde. Vor dem Eintauchen wurde ein Teil der Luft entfernt, sodass sich die Flüssigkeit in der Glasröhre ausdehnen konnte. Wurde die restliche Luft im Kolben erhitzt oder abgekühlt, stieg oder fiel die Flüssigkeit entsprechend.

Die Luft diente bis 1641 als thermometrisches Medium. Dann wurde sie zum ersten Mal durch Flüssigkeit ersetzt. Das Flüssigkeitsthermometer, für Ferdinand II., Großherzog der Toskana, entwickelt, hatte die Form eines verschlossenen Glasbehälters, der Alkohol enthielt. Obwohl es Gradeinteilungen gab, fehlte ein Fixpunkt und somit auch eine Skala. Diese ersten Temperaturmessgeräte wurden »Alkohol-Thermometer« genannt. 1664 legte Robert Hook (1635–1703), Kurator der *Royal Society*, den Fixpunkt für sein Thermometer auf den Gefrierpunkt von Wasser fest. Damit hatte man eine Skala, die von der *Royal Society* bis 1709 verwendet wurde.

Der dänische Astronom Ole Rømer entwickelte 1702 eine Skala auf der Grundlage von zwei wiederholbaren Ereignissen, kochendes Wasser und Schnee. Einige Zeit später führte der deutsche Physiker Gabriel Fahrenheit (1686–1736)

Quecksilber als Thermometer-Flüssigkeit ein, was sich als nützlicher als Alkohol oder Wasser erwies, da Quecksilber in einem größeren Temperaturbereich flüssig bleibt, nicht am Glasgehäuse haftet und durch seine dunkle metallische Farbe das Ablesen erleichtert. Die Fahrenheit-Skala, deren Fixpunkt an den gleichen wiederholbaren Ereignissen wie die Rømer-Skala ausgerichtet war, legte den Gefrierpunkt des Wassers bei 32 °F und den Siedepunkt bei 212 °F fest. Der Bereich zwischen diesen beiden Werten, *fundamentales Intervall* genannt, wurde in 180 Grad unterteilt. Der schwedische Astronom und Physiker Anders Celsius (1701–1744) führte 1742 ein andere Version der Temperaturskala ein, die ebenfalls Gefrier- und Siedepunkt des Wassers als Referenzpunkte verwendete, den Gefrierpunkt aber bei 100° und den Siedepunkt bei 0° festlegte. Hier wurde das fundamentale Intervall in 100 Grad unterteilt. Einige Jahre später entwickelte der schwedische Botaniker, Physiker und Zoologe Carolus Linnaeus (1707–1778) eine leicht abgeänderte Temperaturmessung, die Zentrigrad-Skala mit einer umgekehrten numerischen Zuordnung: der Gefrierpunkt wurde als 0° und der Siedepunkt als 100° definiert. Dieses Format wurde in der Folgezeit übernommen und wird noch heute bei der Celsius-Skala verwendet.

William Thompson Baron Kelvin (1824–1907) entwickelte das Konzept der Temperaturmessung weiter. 1848 stellte er die bereits (ab S. 123) beschriebene Kelvin-Skala vor, mit der man größere Temperaturbereiche messen konnte, extreme Hitze und Kälte eingeschlossen. Das Kelvin gehört daher auch zu den SI-Basismaßeinheiten.

Heute erfordern wissenschaftliche Auswertungen oft extrem fein kalibrierte Temperaturmessungen und so wurde die Internationale Praktische Temperaturskala entwickelt. Sie basiert auf sechzehn statt zwei Fixpunkten, bestimmt durch die thermodynamische Temperatur, und jeder dieser Fixpunkte beinhaltet Tripelpunkte, an denen feste, flüssige und gasförmige Aggregatzustände von verschiedenen festgelegten Elementen ein Temperatur- und Druckgleichgewicht erreichen.

Klima

Indizien weisen darauf hin, dass die Erde im Verlauf von Millionen Jahren weitreichende klimatische Veränderungen »erlebt« hat. Dies geschah aufgrund einer Reihe von Faktoren, von denen einige erst noch entschlüsselt werden müssen. Fest steht auf jeden Fall, dass diese dramatischen Verschiebungen Wetter und Temperatur stark beeinflussten und das Aussterben vieler Tier- und Pflanzenarten zur Folge hatten.

Heute setzt man sehr viel daran, diese sich entwickelnden Systeme sorgfältigst zu messen und Veränderungen festzustellen, um beweisen zu können, dass die Erde sich in einer Periode befindet, die auf einen generellen Trend zur Erderwärmung hinweist.

Was dies allerdings für uns zu bedeuten hat, in welchem Grad die Erwärmung menschengemacht oder auf natürliche Faktoren zurückzuführen ist und welche Folgen damit verbunden sein werden – darüber werden immer noch heiße Debatten geführt.

Es werden aber nicht nur Messungen durchgeführt, um klimatische Veränderungen feststellen zu können, man versucht auch festzulegen, wie ein «optimales Klima« beschaffen sein könnte. Denn bis heute wissen wir nicht, welche Voraussetzungen die vorteilhaftesten Umweltszenarios sind. Eine Erwärmung der Erde kann sich zwar für einige Bereiche der Flora und Fauna schädlich auswirken, in anderen Bereichen könnte sie aber förderlich sein. Zurzeit werden diese Überlegungen, so wie alle denkbaren Entwicklungsmöglichkeiten und Szenarien, die die vorausgesagten Folgen abschwächen könnten, dem prüfenden Blick des Messens unterzogen.

Die ersten langfristigen Messungen der globalen Wettermuster und Temperaturschwankungen ermöglichten die Festlegung von Klimaregionen. Die Veröffentlichung von Darwins Schlussfolgerungen nach seiner Südamerikareise auf dem Vermessungsschiff *HMS Beagle* förderte das breitgefächerte Interesse an der Umwelt und ihren zahlreichen Verästelungen. Wie Darwin andeutete, können langfristige Veränderungen in der Beschaffenheit der Erdatmosphäre weitreichende Folgen haben; heute werden diese mithilfe umfassender Messsysteme aufgezeichnet und die Ergebnisse koordiniert. Diese Veränderungen haben Einfluss auf natürliche Ökosysteme, rohstoffbasierte Aktivitäten, Industrien und urbane Bereiche, beispielsweise auf Planung, Entwicklung und Erhalt der Infrastruktur, auf Energiebedarf und Energieerschließung. Der Klimawandel kann sich auch auf die Gesundheit auswirken und den Weg von Infektionskrankheiten verändern: Die Umweltverschmutzung fördert die Vermehrung von Bakterien, Viren und Parasiten, und durch eine Veränderung der Luftqualität können Atemwegserkrankungen und Allergien zunehmen.

Eine der ersten Klimaklassifikationen wurde Anfang des 20. Jahrhunderts von dem deutschstämmigen, russischen Wissenschaftler Wladimir Köppen (1846–1940) vorgenommen; er skizzierte ausgehend von Vegetation und der Messung von Wettervariablen fünf Klimakategorien. Sie sind als »tropische Regenklimate, trockene Klimate, warmgemäßigte Klimate, boreale Klimate und kalte Klimate« beschrieben. Heute spricht man von tropischen, mediterranen, äquatorialen, Wüsten-, Kontinental-, gemäßigten, Tundra- und Polarklimazonen.

144

Tropische Regionen zeichnen sich durch ein ganzjährlich warmes Klima und sowohl eine Trocken- als auch eine Regenzeit aus. Mediterrane Klimazonen sind durch Wärme und Feuchtigkeit in der Winterzeit und durch Trockenheit im Sommer gekennzeichnet. Diese Klimate sind weitgehend von der Luftzirkulation zwischen Land und Meer abhängig. Die äquatorialen Zonen wiederum sind extrem heiß und niederschlagsreich, ideale Voraussetzungen für Regenwälder und zahlreiche Pflanzenformen, die unter diesen Bedingungen gedeihen. Das Wüstenklima ist dagegen trocken und extrem heiß im Sommer, kann im Winter aber kühl sein, bei geringer Niederschlagsmenge. Viele Lebensformen in diesen Regionen haben Mechanismen entwickelt, um Wasser zu speichern. In kontinentalen Regionen ist es im Sommer heiß und im Winter kalt, und in den gemäßigten Zonen steigen und fallen die Temperaturen mit dem Wandel der Jahreszeiten nur geringfügig. In Tundra-Regionen schließlich herrschen starke Winde und kühle Temperaturen im Winter vor, während Polarklimate außerordentlich unwirtlich sind: Dort gibt es, mit geringen jahreszeitlichen Abweichungen, sehr niedrige Temperaturen und kaum Regen oder pflanzliches Leben.

Innerhalb dieser Regionen verursachen bestimmte Umstände spezifische Klimaveränderungen. In Bergregionen nimmt die Temperatur mit zunehmender Höhe über dem Meeresspiegel ab, wodurch sich die Vegetation und damit wiederum das Klima ändert. Die Vegetation wird außerdem durch die Richtung des Gebirges im Verhältnis zur Sonne bestimmt. Landstriche, die an Wasser grenzen, mit Küsten- oder maritimem Klima, sind ständigen Luftzirkulationen unterworfen, da Wasser und Land Wärme in unterschiedlicher Geschwindigkeit aufnehmen und abgeben. Tagsüber verdrängt die kühlere Luft vom Meer oder einer größeren Süßwasserfläche die wärmere Luft, die über dem Land aufsteigt; bei Nacht ersetzt die kühlere Luft über dem Land die wärmere Luft, die über dem Meer aufsteigt. In urbanen Regionen herrschen klimatische Bedingungen ganz eigener Art. Die Baumaterialien absorbieren und halten mehr Wärme als die Vegetation, deshalb ist es in Großstädten in der Regel wärmer als im Umland. Hinzu kommt, dass der Bodenbereich in einer Stadtlandschaft meistens trockener ist, da Gebäude, Bodenbeläge und andere sich darauf befindende Strukturen eine nennenswerte Feuchtigkeitsabsorption im Erdreich verhindern.

Obwohl das Klima generell als Gesamtheit aller Temperaturen, Winde und Niederschläge in einem bestimmten Zeitraum definiert wird, ist die Umwelt einer Region von einer Vielzahl miteinander verwobener Faktoren abhängig. Atmosphäre, Meere und andere Gewässer, Oberflächenstruktur, Höhe und geografische Lage, Schnee, Eis, Regen, die darin befindlichen Lebewesen und alle damit verbundenen Wechselwirkungen sind einige der veränderlichem Größen, die bei Klimabewertungen einbezogen werden müssen. Infolgedessen kommen zahlreiche Messinstrumente ins Spiel, sowohl zur Festlegung der Klimaregionen als auch zur Überwachung der fortlaufenden Veränderungen, die sich darin bemerkbar machen. Die Messdaten werden gebündelt und analysiert, oft mit Blick auf spezifische Ereignisse, z. B. Vulkanausbrüche oder kurz- und langfristige Tendenzen, die sich aus den Aufzeichnungen ableiten lassen. Umfassende Klimamessungen konzentrieren sich auf die Ermittlung globaler Kreisläufe, die Durchschnittswerte der Bewegung repräsentieren, und nicht auf das lokale Wettergeschehen und andere Aktivitäten. Die globalen Kreisläufe weisen ein gewisses Maß an Beständigkeit und Einheitlichkeit auf und halten die Klimasituation weitgehend in Schach.

In den letzten Jahren haben Methodologie, Instrumente und Feldforschung im Bereich der Klimamessungen erhebliche

Fortschritte gemacht und zur Entwicklung von Wissensmo-
dellen beigetragen, die das Verständnis atmosphärischer und
ozeanischer Prozesse vertiefen. Die langfristig gesammelten
Informationen aus verschiedenen wissenschaftlichen Bereichen und interdisziplinäre Messmethoden haben uns Phänomene erschlossen, die oft schwer zu entdecken sind. Um zum
Beispiel die mittlere Meereshöhe genau zu bestimmen, kom-
biniert man Informationen über Meereshöhenfelder und Veränderungen der Küstenlinie, die seit einem Jahrhundert aufgezeichnet werden, mit aktuellen Messungen von Gezeiten
und Eisdecken in höheren Regionen und Breitengraden,
ergänzt durch Daten, die mithilfe der modernen satellitengestützten Altimetrie-Technologie ermittelt werden. Zusätzlich
zur Beobachtung der Meereshöhen gibt es globale Messverfahren, die Aufschluss über die verschiedenen Temperatur-
ebenen der Erd- und Meeresoberfläche und über Veränderungen im Feuchtigkeits- und Wasserhaushalt geben.
Vegetationsmuster wiederum werden anhand verschiedener
Formate bestimmt und analysiert, um ökologische Veränderungen aufzuzeigen, die durch Umweltfaktoren hervorgerufen wurden. Ein Beispiel ist die Identifizierung von Pflanzenarten durch einen genetischen »Strichcode«; diese neue
Methode wird es möglicherweise erlauben, Pflanzen genauer
zu klassifizieren, und bietet außerdem die Gelegenheit, Zu-
und Abnahmen der Wachstumsraten und Bestände zu verfolgen.

Treibhausgase

Auch Veränderungen in der Intensität der solaren Strahlungs-
ebenen werden laufend aufgezeichnet, genau wie Messungen
der Erdtemperatur und chemische Analysen der Luftkompo-

nenten, die für verschiedene »Treibhausgas«-Stufen und den Anteil der Sauerstoff-Isotopen verantwortlich sind.

In aller Kürze: Treibhausgase sind Bestandteile der Atmosphäre, die beim »Treibhauseffekt« eine Rolle spielen. Dieser »Effekt« wurde 1824 von dem französischen Mathematiker Joseph Fourier (1768–1830) entdeckt. Treibhausgase sind auf natürliche Quellen, aber auch auf Aktivitäten des Menschen zurückzuführen; entsprechend der Reihenfolge ihres mengenmäßigen Anteils wurden Wasserdampf, Kohlendioxyd, Methan, Lachgas und Ozon in der Atmosphäre gemessen. Ohne den Treibhauseffekt wäre die Erde unbewohnbar, weil die mittlere Oberflächentemperatur um ca. 33 °C fallen würde, von 15 °C auf schätzungsweise −19 °C. Auch bei anderen Planeten, vor allem Mars und Venus, gibt es Treibhauseffekte. Die verbesserten Messverfahren haben Wissenschaftlern ermöglicht, selbst die kleinsten Veränderungen globaler Phänomene zu beobachten. Heute deuten diese allem Anschein nach auf einen allmählichen Temperaturanstieg in der unteren Erdatmosphäre hin. Hinzu kommt, dass die Ergebnisse von Klimamessungen im selben Zeitraum auf extreme Fluktuationen in den Wettermustern hinweisen, mit Rekord-Hitze- und Kältewellen. Diese Abweichungen könnten durch eine Verstärkung des Treibhauseffekts, eine Folge zunehmender Treibhausgas-Mengen in der Erdatmosphäre entstanden sein. Über die Bedeutung wird derzeit noch diskutiert, was die Zwiespältigkeit der Analysen von Messergebnissen unterstreicht. Während einige Wissenschaftler die Veränderungen als normale Wetterschwankungen deuten, glauben andere, dass sie eine langfristige Erwärmung des Planeten signalisieren, vermutlich durch menschliche Aktivitäten wie die Verbrennung fossiler Brennstoffe ausgelöst.

Befürworter der Theorie, dass die Erwärmung der Atmosphäre zumindest teilweise auf eine menschliche Komponente

zurückzuführen ist, schlagen die Eindämmung der Treib-
hausgas-Emissionen vor, um den Klimawandel zu verlang-
samen. Dieser Ruf wird gleichwohl zu einem schwierigen
Zeitpunkt laut, an dem sich viele Entwicklungsländer in der
Übergangsphase zu moderneren Wirtschaftsformen befinden
und der Bedarf an Energie und anderen Gütern steigt. Die
Verringerung der Emissionen erfordert demnach eine globale kollektive Anstrengung, die nicht nur wissenschaftliche,
sondern auch ökonomische Messinstrumente umfasst.

Erdbeben

Wo Messungen zum Klima zunächst eher beschreibender
Natur sind, versucht ein anderer Zweig der Forschung durchaus, mithilfe von Messergebnissen Möglichkeiten für Präventivmaßnahmen zu erkennen und Katastrophenschutz zu
betreiben. So zum Beispiel im Bereich der Erdbebenfor-
schung.

Erdbeben sind eine Folge abrupter Erschütterungen im
Innern der Erde. Sie entstehen meistens durch Verschiebung
der oberen Erdschichten, wodurch sich Spannung an den
Bruchlinien und Plattengrenzen aufbaut. Der entweichende
Druck verursacht die Erdstöße. Erdbeben gehören zu den
verheerendsten Naturkatastrophen. Sie kommen relativ häufig vor – in einer Stärke, die auch ohne Messinstrumente
wahrnehmbar ist ungefähr 50 000-mal im Jahr. Im Lauf der
Geschichte haben sie unzählige Menschenleben gefordert
und unermesslichen Sachschaden angerichtet. Bis zur Einführung der Seismologie war nur wenig über dieses natürliche Phänomen bekannt, das seit Menschengedenken Angst
und Schrecken verbreitet und oft einen nahezu mythischen
Status hatte.

Die Entwicklung von Messinstrumenten fördert zunächst einmal die Sammlung lebensrettender Informationen und Studien, warum, wie, wo und wann Erdbeben auftreten. Eines der wichtigsten Instrumente ist der Seismograph oder das Seismometer; der Name ist zusammengesetzt aus dem griechischen »seismos« (Erdbeben) und »metros« (Messung). Der Seismograph zeichnet Erdbewegungen während eines Bebens auf und misst die Ausdehnung und Stärke des Bebens. Ebenso kann er andere Erdbewegungen, die zum Beispiel bei einer Explosion entstehen, messen. Es überrascht wohl nicht, dass die ersten derartigen Geräte aus Ländern stammten, die häufig von Erdbeben heimgesucht wurden.

132 vor Christus konstruierte der chinesische Erfinder Chang Heng den sogenannten »Drachenkessel«, einen Kupferkessel, an dem acht bewegungsempfindliche Drachenköpfe mit einer Kugel im Rachen befestigt waren. Darunter befanden sich Frösche mit weit aufgerissenem Maul. Erdbebenwellen lösten die Kugeln, die in das Maul der Frösche fielen. Diese und andere frühzeitliche seismographische Geräte zeigten Erdvibrationen durch fallende Kugeln oder Wasserkaskaden an. Die Stärke der Erschütterungen wurde anhand der Anzahl der Bälle oder der sich entladenden Wassermenge ermittelt.

Diese mechanischen Geräte wurden später durch genauere Messinstrumente ersetzt. In Italien, ein weiteres von Erdbeben geplagtes Land, entwickelte der Erfinder Luigi Palmieri (1807–1896) 1855 ein komplexes Messgerät mit einer Reihe U-förmiger Röhren, die Quecksilber enthielten, mehreren Pendeln und Papier, das um eine Trommel gewickelt war. Erderschütterungen verursachten Bewegungen des Quecksilbers, die einen Stromkreis mit einem Schalter schlossen. Mit diesem Schalter wurde dann eine Uhr angehalten und eine Art Morseschreiber in Bewegung gesetzt, der die Bewegungen eines Schwimmers auf dem wellenförmig hin- und herschwingenden Quecksilber aufzeichnete. Damit konnte man sowohl den Zeitpunkt des Auftretens als auch die Länge und Intensität des Bebens bestimmen. Palmieri, der während seiner beruflichen Laufbahn eine Zeit lang das *Vesuvius Observatorium* leitete, führte zahlreiche Studien über die vulkanischen Neigungen des unberechenbaren Berges durch und benutzte den Seismographen, um Erdbeben zu beobachten und Vulkanausbrüche vorherzusagen.

Auch in Japan waren Erdbeben an der Tagesordnung. 1876 reiste der britische Ingenieur und Geologe John Milne (1850–1913) über eine gewagte Route durch Sibirien nach Japan, um Seismologie zu studieren. Gleich am Tag seiner Ankunft erlebte er ein Erdbeben mit. Nach dem verheerenden Beben, das 1880 Yokohama in Schutt und Asche gelegt hatte, gründete Milne mit zwei Kollegen, dem schottischen Physiker James Alfred Ewing (1855–1935) und dem britischen Wissenschaftler Thomas Gray (1850–1908) noch im selben Jahr die *Seismological Society of Japan*, die sich als erste Organisation der Beobachtung und Erforschung von Erdbeben widmete. Eine ihrer Aufgaben bestand darin, die Entwicklung von Technologien zu finanzieren, die der Messung und Früherkennung von Erdbeben dienten. Ende 1880 konstruierten die drei Gründer einen einfachen Seismographen mit einem horizontalen Pendel, der Erschütterungen an den Bruchlinien der Erde maß, ein Vorläufer der modernen Instrumente, die der Vorhersage von Erdbeben dienen.

Für Milne wurden die Studien von Erdbeben zu einer lebenslangen Beschäftigung. Er kompilierte riesige Datenmengen aus seinen Beobachtungen und Experimenten und verfasste zwei Standardwerke, *Earthquakes* und *Seismology*. Nach England zurückgekehrt, leitete er eine seismografische Station und baute das erste internationale Netzwerk mit technisch ausgerüsteten Beobachtungsstationen rund um die Welt zur

Erfassung und Sammlung seismologischer Daten auf. Diese Bündelung von Informationen war eine wichtige Grundlage, um globale Erdbebenverläufe zu ermitteln und zu verstehen. 1913 brachte Milne zusammen mit dem Erfinder John Johnson Shaw (1873–1948) ein verbessertes seismografisches Aufzeichnungsgerät heraus, den sogenannten Milne-Shaw-Seismografen, der weltweit zum Standardgerät wurde.

Pioniere wie der in Russland geborene Boris Prinz Galitzin (1862–1916), der als erster einen nicht mehr auf mechanischen Operationen, sondern auf elektromagnetischer Induktion basierenden Seismometer einführte, trugen mit ihren Erfindungen dazu bei, die Messgenauigkeit der Instrumente zu erhöhen und neue Maßstäbe zu setzen. Der preußische Physiker und Geophysiker Emil Wiechert (1861–1928) entwickelte Messgeräte mit weiteren Verfeinerungen. Zudem sorgten seine Theorien für ein besseres Verständnis der wissenschaftlichen Aspekte, die sich hinter Seismologie und Geophysik verbergen. Dadurch konnten diese Bereiche als exakte Wissenschaft bestätigt und Probleme in Zusammenhang mit der Beschaffenheit der Erdbebenwellen gelöst werden.

Seismische Wellen treten auf, wenn sich gespeicherte, durch chemische Prozesse oder Gravitation entstandene Energie bzw. elastische Spannung abrupt entlädt. Sie werden in der Regel drei Kategorien zugeordnet. P-Wellen (Primärwellen) und S-Wellen (Sekundärwellen) entstehen im Innern der Erde. P-Wellen sind Longitudinalwellen: Sie breiten sich am schnellsten aus, beginnend am Ausgangspunkt, dem Erdbebenherd oder Hypozentrum, wobei sich das Epizentrum an der Oberfläche unmittelbar über dem Hypozentrum befindet. Diese sogenannten Raumwellen, die durch festes und flüssiges Material übertragen werden können, lösen Schallwellen in Form von Vibrationen aus. Deren große Geschwindigkeit sorgt dafür, dass sie als erste die Erdoberfläche erreichen. S-Wellen werden dagegen nur durch ein festes Medium übertragen.

Die dritte Wellenart, die Love- und Rayleigh-Wellen, breiten sich langsamer und zeitlich nach den P- und S-Wellen im Erdinnern aus. Sie sind lang, bandartig und für die größten Zerstörungen an der Erdoberfläche verantwortlich. Heute sind Seismografen in der Lage, alle Wellentypen aufzuzeichnen und zu analysieren, unterstützt von Entwicklungen in der Elektronik, die extrem empfindliche Pendel-Seismometer und Sensoren zur Messung von Bodenbewegungen hervorgebracht haben.

Die Beschaffenheit der Wellen führt zu beträchtlichen Unterschieden in der Stärke der Beben innerhalb einer Region. Deshalb hat man zusätzlich zur Sammlung seismografischer Daten Skalen für vergleichende Messungen entwickelt. Sie konzentrieren sich auf die beobachteten Auswirkungen der Bewegungsbeschleunigungen des Bodens, da diese lokalen geografischen Strukturen Merkmalen seismischer Wellen und der Entfernung vom Ausgangspunkt des Bebens Rechnung tragen. Diese qualitative Bewertung war vor der Entwicklung seismografischer Instrumente, die eine präzise Messung der Bodenbewegungen gestatteten, besonders wichtig. Die 1878 von dem Italiener Michele Stefano de Rossi und dem Schweizer Francois-Alphonse Forel (1841–1914) entwickelte Skala gehörte zu den ersten, die auf breiter Basis Anwendung fand. 1902 entwickelte der italienische Seismologe und Leiter des *Vesuvius Observatoriums* Giuseppe Mercalli (1850–1914) die zehnstufige Mercalli-Skala, die ebenfalls auf beobachtetem Geschehen beruhte. Leider kam er 1915 bei einem Brand ums Leben, verursacht durch eine umgestoßene Paraffinlampe in seinem Schlafzimmer. Seine Skala wurde 1931 von den US-Seismologen Harry O. Wood (1879–1958) und Frank Neumann aktualisiert, um die festgehaltenen Beobachtungen zu vereinheitlichen; diese Version ist in Nordamerika noch heute gebräuchlich. Bei der erweiterten zwölfstufigen Skala bedeutet Stärke 1, dass die Auswirkungen des Bebens für den Menschen nicht wahrnehmbar sind, und Stärke 12, dass ein Erdbeben starke Verwüstungen anrichtet. Die in Europa verwendete MSK-Skala basiert ebenfalls auf einer modifizierten Mercalli-Skala.

Die Richter-Skala, auch »lokale Magnitudenskala« (ML) genannt, stellt hingegen eine quantitative Ergänzung zur Mercalli-Skala dar, da sie sich auf die Messung von Bodenbewegungen und Erdbebenstärke durch Instrumente stützt. Sie wurde 1925 von dem US-Seismologen und Physiker Charles Francis Richter (1900–1985) eingeführt, der in Zusammenarbeit mit einem Kollegen vom *California Institute of Technology*, dem deutschstämmigen Seismologen Beno Gutenberg (1889–1960), eine Möglichkeit fand, die zahlreichen kleineren Erdbeben in Kalifornien von den größeren zu unterscheiden. Die Idee, Erdbebenstärken zu vergleichen, leitete man offenbar von astronomischen Skalen her, mit denen die Helligkeit von Sternen beschrieben wurde.

Erd- und auch Seebeben haben allerdings nicht nur Auswirkungen auf die sie umgebenden Erdflächen, sie können sich auch im Meer fortsetzen. Erschütterungen, die merkliche Veränderungen der Wasserstände verursachen, wie ein Erdbeben oder Erdrutsch, können zu langen Meereswellen führen, die als Tsunamis bekannt sind. Sobald diese Erschütterungen die Wasseroberfläche erreichen, entstehen in alle Richtungen Wellen von enormer Geschwindigkeit und Größe, bisweilen Hunderte Kilometer lang. Trotz des Ausmaßes sind sie oft schwer auszumachen, da die Amplitude (Wellenhöhe) im offenen Meer normalerweise nicht groß und eher breit aufgefächert ist. Erst in Ufernähe, im Flachwasser, nimmt die Höhe zu, erreicht bisweilen riesige Ausmaße und richtet furchtbare Zerstörungen an. Heute gibt es Gemeinschaftsprojekte wie das *Seismic Sea Wave Warning System* (SSWWS), die Aktivitäten auf dem Meeresgrund aufzeichnen und messen, um Tsunamis vorherzusagen und Frühwarnsysteme in Gang zu setzen.

Vulkanausbrüche

Eine weitere Naturkatastrophe sind Vulkanausbrüche: Dabei werden geschmolzenes Gestein, Asche und Gas durch Öffnungen oder Risse in der Erdkruste in die Luft geschleudert. Eine Eruption ist ein atemberaubendes Schauspiel, kann aber enorme Zerstörungen anrichten und sowohl die Beschaffenheit der Atmosphäre als auch Wettermuster verändern. Obwohl die meisten gefährdeten Regionen kartografiert sind und laufend überwacht werden, lässt sich nur schwer vorhersagen, wann ein Ausbruch erfolgen wird. Allerdings hat die Messtechnologie viel dazu beigetragen, vorherzusagen, wann sich die vulkanische Aktivität und damit auch die Gefahr einer Eruption erhöht.

Die Erdkruste und die oberen Teile des Erdmantels bestehen nicht nur aus einer einzigen Schicht, sondern sind in tektonische Platten gegliedert. Diese Platten sind zumeist durch Tiefseerinnen oder mittelozeanische Rücken voneinander getrennt. Sie sind auch nicht statisch, sondern bewegen sich aufeinander zu beziehungsweise driften auseinander. Die meisten Vulkane befinden sich an Plattengrenzen – auf dem Meeresgrund oder an Land. Regionen mit besonders dünner und gedehnter Erdkruste leisten vulkanischen Aktivitäten ebenfalls Vorschub. Diese Aufschmelzungsbereiche nennt man Hot Spots.

Vulkane werden nach Typen und dem Material klassifiziert, das sie entleeren. Man bezeichnet sie als aktiv, schlafend oder erloschen, obwohl diese Zuordnungen schwer festzulegen sind. Ein Vulkan wird als aktiv eingestuft, wenn er regelmäßige Aktivitäten erkennen lässt, eine Klassifizierung, die bei einer Lebensdauer von mehreren Millionen Jahren kaum von Nutzen ist. Ein schlafender Vulkan hat seit langem keine Aktivitäten mehr gezeigt, ist aber irgendwann im Lauf der Geschichte ausgebrochen, und es könnte jederzeit wieder dazu kommen. Bei erloschenen Vulkanen ist eine erneute Eruption unwahrscheinlich beziehungsweise ist der letzte Ausbruch mindestens 15 Millionen Jahre her. Zu dieser Kategorie zählen auch die meisten der sogenannten Supervulkane. Aufgrund der Größe ihrer Magmakammer bilden sie keine Kegel, sondern hinterlassen riesige Krater oder Calderen (Einbruchkessel). Einige der Supervulkane werden von Wissenschaftlern als schlafend bezeichnet, auch wenn sie seit Hunderttausenden von Jahren nicht mehr ausgebrochen sind. Schlafende Supervulkane sind aufgrund der riesigen Fläche, über die sie sich erstrecken, bisweilen schwer auszumachen. Zu den bekanntesten gehören *Yellowstone Caldera* im Yellowstone Park, *Lake Toba* in Sumatra, Indonesien, und *Lake Taupo* in Neuseeland.

Vulkanische Aktivitäten haben bekanntermaßen großen Einfluss auf das Klima. Das wachsende Verständnis der Auswirkungen hat demgemäß die Aufmerksamkeit auf die Bedeutung von Beobachtungen und Messungen von Vulkanen gelenkt. Sie unterscheiden sich nicht nur in Bezug auf Typ und Material, das bei einer Eruption freigesetzt wird, sondern auch durch die jeweilige Konzentration vulkanischer Gase. Hauptbestandteil der meisten vulkanischen Gase ist Wasserdampf, gefolgt von Kohlendioxyd und Schwefeldioxyd. Darüber hinaus können auch Wasserstofffluorid, Wasserstoffchlorid, Wasserstoffsulfid und eine Reihe von Spurengasen vorhanden sein. Bei starken Eruptionen wurden Gase, Felsbrocken und Schutt in einer 16 bis 32 Kilometer hohen Fontäne hinausgeschleudert, weit in die Stratosphäre, die zweite Schicht der Erdatmosphäre, oberhalb der Troposphäre, hinein. Dort wird Schwefeldioxyd in Schwefelsäuretröpfchen, sogenannte Aerosole umgewandelt. Die Schwefelsäure presst die entstehenden Aerosolpartikel zusammen, die dazu dienen, die Strahlung der Sonne in den Weltraum zu reflektieren und die Temperatur auf der Erde abzukühlen. Die Wirkung wird noch verstärkt, weil sie die Stratosphäre erwärmen, indem sie die von der Erde erzeugte Wärme absorbieren. Reaktionen auf der Oberfläche der Schwefelsäure-Partikel setzen chemische Veränderungsprozesse in der Stratosphäre in Gang, die zur Zerstörung der Ozonschicht führen können. Diese Partikel tragen schließlich zur Bildung der Zirruswolken in den obersten Luftschichten bei, sodass die Strahlungswerte noch mehr aus dem Ruder laufen und die Erde weiter abkühlt. Einige der anderen Gase, die durch einen Vulkanausbruch in die Atmosphäre gelangen, vor allem Wasserstoffchlorid und Wasserstofffluorid, sind wasserlöslich und kehren binnen kurzer Zeit als saurer Regen auf die Erde zurück. Einige Vulkanausbrüche im letzten Jahrhundert haben zu einem Rückgang der mittleren Temperatur an der Erdoberfläche geführt, der bis zu drei Jahren anhielt. Sollte einer der Supervulkane ausbrechen, könnte der Temperatursturz allerdings weitaus verheerendere Folgen haben. Die letzte Eruption dieser Art soll vor ungefähr 74 000 Jahren auf Sumatra stattgefunden haben; dabei wurde so viel Asche ausgestoßen, dass ein halbes Jahr kein Sonnenlicht mehr durch die Atmosphäre drang, die Erde noch viele Jahre danach merklich abgekühlt war und viele Organismen starben. Um Ausbrüche besser vorhersagen zu können, sind bei der Messung vulkanischer Aktivitäten nicht nur Typ und entleertes Material wichtig, sondern auch die Analyse der freigesetzten Gase und deren Veränderung. Die Entnahme von Proben hat ihre eigenen Tücken, vor allem, wenn ein Vulkan seine Aktivität erhöht. Zu den Messmethoden, die auf die jeweilige Situation abgestimmt werden, gehören die tägliche Überwachung der Gasemissionsrate, die in Bezug zur Magmamenge (das geschmolzene Gestein, das sich unter der Erdoberfläche sammelt, und das damit verbundene hydrothermische System) gebracht werden kann, Luft- und Bodenproben aus der Umgebung, die später im Labor Aufschluss über die Zusammensetzung der Gase geben, und fortlaufende, automatisierte Messungen des Gasgehalts durch chemische Sensoren in den Fumarolen (den Öffnungen, aus denen vulkanische Dämpfe entströmen). Diese von Sensoren aufgezeichneten Echtzeit-Informationen werden per Funk an Vulkanobservatorien weitergeleitet, zusätzlich zu zahlreichen Bodenproben, mit deren Hilfe man die Gasmenge zu bestimmen versucht, die aus der Tiefe der Erde bis in die oberen Schichten dringt und festzustellen versucht, in welchen Bereichen die Gaskonzentration besonders hoch ist. Die Daten werden durch Messungen ergänzt, die Schlussfolgerungen zulassen, ob sich schlafende oder aktive Vulkane in der Aufschwung- oder Abschwungphase ihres Eruptionsstärkezyklus' befinden. Ist ein Vulkan einmal ausgebrochen, werden die Gase, die in die Atmosphäre entweichen, mit Instrumenten an Bord von Satelliten gemessen.

Tropische Wirbelstürme

Eine weitere Naturkatastrophe sind tropische Wirbelstürme. Sie heißen Hurrikan im Atlantik oder Nordpazifik, Taifun, wenn sie sich im Westpazifik bilden, oder Zyklon, wenn sie im

Indischen Ozean auftreten. Wenn tropische Wirbelstürme Land erreichen, vor allem lange Küstenregionen, richten sie verheerende Verwüstungen an. Um sich als Wirbelsturm zu qualifizieren, müssen sie Orkanstärke aufweisen, d. h. eine Mindestgeschwindigkeit von 118 Kilometern pro Stunde erreichen. Die Dynamik, die sich dahinter verbirgt, unterscheidet sie von normalen Stürmen, und ihren Weg vorherzusagen ist schwierig. Doch die Verbesserung der Messverfahren zeigt, dass wir inzwischen viel über die Entwicklung und Anatomie tropischer Wirbelstürme wissen.

Sie bilden sich in den Tropen, wo größere Hitze und Feuchtigkeit einen idealen Hintergrund für atmosphärische Ungleichgewichte bilden. Nur dort können entsprechend große Mengen erwärmter Luft aufsteigen. Normalerweise wird das Wetter in diesen Regionen durch die stabilisierende Bewegung sinkender Luftmassen in Schach gehalten. Wird diese ausgleichende Kraft aus irgendeinem Grund gestört, kann das dramatische Folgen haben. Wenn dann warme Luft aufsteigt, strömt immer mehr Luft nach, um die Lücke zu füllen, wodurch eine zunehmende Zirkulation entsteht. Ein Hurrikan hat eine klar erkennbare Struktur: Er besteht aus spiralförmigen Regenbändern, die zwischen 500 und 1200 Kilometern lang sein können und sich in Richtung Zentrum bewegen. Die Windstärke nimmt mit der Nähe zum Zentrum zu; nur im Zentrum selbst, im Auge des Sturms, herrscht Windstille. Die stärksten Winde treten ungefähr 80 Kilometer vom Auge entfernt auf, wobei sich das Auge über eine Fläche von 17 bis 50 Kilometern erstreckt. Hurrikane können zusätzlich Tornados hervorrufen, kleinräumige Luftwirbel, meistens in Trichterform; doch es sind nicht nur die Winde, die Schaden anrichten. Hurrikan- und Tornadoausläufer bringen hohe Niederschlagsmengen und Wellenaktivitäten mit sich, die Flutkatastrophen auslösen können, wenn sie Land erreichen.

Die Entstehung eines tropischen Wirbelsturms erfordert beträchtliche Energiemengen und deshalb entwickeln sich diese Wirbelstürme nur in bestimmten Regionen mit weitläufigen Wasserflächen, die sich auf mehr als 26 °C erwärmen. Kühleres Wasser absorbiert die Energie des Sturms und deshalb verliert er an Stärke, wenn er über kühlere Wasser- oder Landbereiche zieht. Datenanalysen deuten darauf hin, dass die Anzahl der tropischen Wirbelstürme zunimmt, was mit dem allgemeinen Anstieg der Meerestemperatur in Verbindung stehen könnte.

Um Stürme im Atlantik und Nordpazifik zu messen, zu vergleichen und zu klassifizieren wurde 1973 eine von dem US-Ingenieur Herbert Saffir und dem US-Meteorologen Robert Simpson entwickelte Skala eingeführt. Die Saffir-Simpson-Skala ist in fünf Kategorien unterteilt, die auf Windgeschwindigkeit, Wellenhöhe, Anstieg des Wasserspiegels und Luftdruck (im Zentrum) basieren und den Zerstörungen gegenübergestellt werden, die sie von Menschenhand geschaffenen Strukturen zufügen. Die Skala berücksichtigt weder die damit verbundenen Niederschläge noch die geografische Lage, was bedeutet, dass ein niedrig eingestufter Wirbelsturm größeren Schaden anrichten kann, wenn er über eine Stadt hinwegzieht, als ein höher eingestufter in einer ländlichen Region.

Tropische Wirbelstürme sind eigenwillig und folglich lassen sich Entstehungsort und Kurs schwer vorhersagen. Deshalb werden die Informationen aus verschiedenen Messquellen regelmäßig gebündelt, um die Bewegungen besser berechnen zu können. Dabei stützt man sich auf klimatologische Erkenntnisse, die Entwicklungen und Wege früherer Wirbelstürme unter ähnlichen Bedingungen dokumentieren, und auf Persistenzmodelle. Inzwischen wurden rechnergestützte Messsysteme entwickelt, die Bereiche wie Dynamik und Statistik einbeziehen, Meeresentwicklungen werden von Satelliten überwacht. Aufklärungsflugzeuge mit Sensoren, die Winde an der Meeresoberfläche messen, führen zusätzlich regelmäßig Datenerhebungen durch. Diese Sensoren nehmen die hohe Strahlungsenergie wahr, die durch Wasserturbulenzen und Schaumbildung entsteht, eine Folge der zunehmenden Windgeschwindigkeit an der Oberfläche des Meeres. Dennoch bleibt das Barometer eines der zuverlässigsten Instrumente für die Vorhersage tropischer Wirbelstürme, denn es registriert den dramatischen Druckabfall unmittelbar vor dem Durchzug, denn je niedriger der Luftdruck innerhalb eines Hurrikans, desto größer die potenzielle Sturmstärke. Da der Luftdruckabfall erst wenige Stunden vor dem Durchzug eintritt, sind barometrische Messwerte als Frühwarnsystem für Evakuierungsmaßnahmen indes von begrenztem Nutzen. Ein weiteres Problem ist, dass die Vorhersagen ziemlich genau sein müssen, weil die Bereiche rund um das Auge des Hurrikans die größte Zerstörung anrichten.

Betrachtet man, was und wie in der heutigen Zeit in Bezug auf Klima, Temperatur oder Naturkatastrophen gemessen werden kann, dann zeigt sich, welche Fortschritte die Wissenschaft und Messtechnik im Verlauf der Jahrhunderte gemacht hat. Es wird aber auch deutlich, dass es noch sehr viel zu entdecken und genauer zu vermessen gibt, um das Leben auf unserem Planeten besser verstehen und schützen zu können.

Die ökonomische Entwicklung der Welt

Vom Zählen: Demografie

»In jenen Tagen erließ Kaiser Augustus den Befehl, alle Bewohner des Reiches in Steuerlisten einzutragen. Dies geschah zum ersten Mal; damals war Quirinius Statthalter von Syrien. Da ging jeder in seine Stadt, um sich eintragen zu lassen. So zog auch Josef von der Stadt Nazaret in Galiläa hinauf nach Judäa in die Stadt Davids, die Betlehem heißt; denn er war aus dem Haus und Geschlecht Davids. Er wollte sich eintragen lassen mit Maria, seiner Verlobten, die ein Kind erwartete.«

Lukas 2,1–5

Schon in der Bibel spielt die Volkszählung eine wichtige Rolle – ja markiert geradezu den Beginn eines neuen Zeitalters. Heute liefern Volkszählungen und die demografischen Parameter, die sie repräsentieren, vor allem angesichts der wachsenden Weltbevölkerung wichtige Informationen über den Bedarf an Nahrung, Wohnraum, Treibstoff und anderen Rohstoffen der Erde. Demografische Entwicklungen lassen sich nur durch Messung und Analyse beobachten und vorhersagen. Damit bieten sie Chancen, begrenzte Ressourcen besser zu verteilen und pfleglicher mit dem Planeten Erde umzugehen.

Diese und ähnliche Beweggründe führten schon in der Frühzeit zu Volkszählungen. Die Babylonier ermittelten Bevölkerungszahl, Ernteerträge und Vieh annähernd 4000 Jahre vor Christus, doch diese Praxis lässt sich vermutlich noch weiter zurückdatieren – sie könnte aus der Zeit stammen, als die ersten Zivilisationen die Landwirtschaft entdeckten. Da Ackerbau und Viehzucht, verglichen mit Aktivitäten wie Jagen und Sammeln, viele unerwünschte Nebenwirkungen hatten – unzuverlässige Nahrungsquelle, Epidemien, Sklaverei, Ausbeutung von Frauen und Kindern –, gab die Erhebung von Daten Auskunft über die Bauern und ihre landwirtschaftlichen Erzeugnisse, Ressourcen, die Könige für ihre Kriege brauchten. Entsprechend erfasste der »Zensus« – abgeleitet vom lateinischen Wort »censere« (schätzen) – kriegstüchtige Männerpopulationen (z. B. 603 550 Israeliten für den Kampf in Sinai, wie im Buch *Numeri* des Alten Testaments erwähnt).

Wären die Methoden der Bevölkerungserfassung zu Zeiten der alten Römer weiterentwickelt gewesen, hätte das Imperium vielleicht noch ein paar Jahre länger bestanden, weil man imstande gewesen wäre, die Kosten der Streitkräfte unter Kontrolle zu halten. Da es keine verlässliche Möglichkeit gab, festzustellen, ob ein Soldat noch am Krieg teilnahm, beließ man die Namen der Gefallenen oft in den Büchern, um weiterhin ihren Sold und ihre Rationen zu erhalten.

Der Zensus gab aber auch Auskunft über besteuerbares Eigentum, wie William I. im *Domesday Book* (1086) zwanzig Jahre nach der Eroberung Englands berichtete. Viele europäische Königreiche folgten diesem Beispiel gegen Ende des 17. und zu Beginn des 18. Jahrhunderts, als Kriege, Seuchen und Hungersnöte die wichtigen Kontrolldaten oder »Kerbzettel« fortwährend veränderten.

»Verlorene« Grenzbereiche

Ende des 18. Jahrhunderts, genauer im Jahr 1787, führten die USA als erste Nation den Zensus in ihrer Verfassung ein. Abgesehen davon, dass die 1790 begonnene Volkszählung ein Mittel war, sich einen Überblick über die Anzahl der wehrfähigen

Männer und das Steueraufkommen zu verschaffen, ermittelte man damit die Anzahl der Volksvertreter für die Legislative. Jeder Abgeordnete des Repräsentantenhauses im Zweikammer-System repräsentierte 30 000 männliche Bürger aus gleich welchem Staat. Frauen wurden nicht mitgezählt, doch seltsamerweise wurden drei Fünftel aller Sklaven in die Berechnung der Kongressmitglieder einbezogen, obwohl sie keine politischen Rechte besaßen. Artikel I, Absatz 2 der Verfassung sah eine Volkszählung im Zehnjahres-Rhythmus vor, um die Repräsentation im Kongress dem Bevölkerungswachstum anzupassen. Die Volkszählung bildete auch die Grundlage für neue Staaten, die in den Bund aufgenommen wurden. Das erste Formular des US-Zensus beinhaltete nur sechs Fragen, doch die Datenerhebung war Aufgabe der 650 vom Bundesgericht eingesetzten Marshals, die jeden Haushalt aufsuchten und die Ergebnisse achtzehn Monate später ablieferten: Demzufolge belief sich die Bevölkerung 1790 auf 3 929 214 Amerikaner. Im Lauf der Zeit beschloss der Kongress, zusätzliche Informationen zu sammeln – 1810 über die Hersteller in der Industrie und 1840 über die Landwirtschaft. Die Erhebung der ökonomischen Daten stieß auf großes Misstrauen, weil man befürchtete, dass sie für eine direkte Besteuerung verwendet werden könnten. Deshalb taten die braven Bürger 1840 genau das, was viele tun, wenn sie ungestraft davonzukommen hoffen: Sie logen. Beim nächsten Zehnjahres-Zensus war die Angst dann weitgehend verflogen und die Farmer machten relativ genaue Angaben über Ernteerträge und Vieh. Ein Jahrhundert später wunderten sich Historiker über den enormen Produktivitätsanstieg landwirtschaftlicher Betriebe in den USA zwischen 1840 und 1850 und sprachen von einer »Revolution« dank der neuen Technologien, während der Anstieg in Wirklichkeit auf ein Täuschungsmanöver zurückzuführen war.

Einen Befund, den der Zensus tatsächlich enthüllte, war das Verschwinden der *Frontiers*. Darunter verstand man »Grenzbereiche« mit einer Besiedlungsdichte von weniger als sechs Menschen pro Quadratmeile. Unter dem Einfluss verschiedener Gesetze zum Erwerb von öffentlichem Land wie zum Beispiel dem *Homestead Act* von 1862 (Heimstättengesetz) füllten sich diese Landstriche und die Frontier-Regionen schrumpften zunehmend, bis der 11. Zensus im Jahr 1890 feststellte, dass es in den USA keine mehr gab. Diese Erkenntnis veranlasste den Historiker Frederick Jackson Turner (1861–1932) in seiner berühmten Abhandlung *The Significance of the Frontier in American History* (1893) zu der Beschreibung, wie die Expansion nach Westen zur Entstehung eines nationalen Charakterzugs beigetragen hatte – eines rücksichtslosen Individualismus. Spätere Gelehrte verwarfen diese Theorie und verwiesen auf die Immigration, Urbanisierung und Industrialisierung, die schwerer wogen als die Erfahrung des »Wilden Westens«. Dennoch blieb *The Frontier* ein Thema, das die *National Rural Health Association* und *Western Governors Association* zu einer Neudefinition des Begriffs bewog, die nicht nur die Bevölkerungsdichte, sondern auch die Entfernung und Reisezeit zur nächsten Ortschaft mit Marktdiensten umfasste. Nach dieser Definition gibt es selbst heute in den USA noch 812 Counties in 38 Bundesstaaten, die sich für den Frontier-Status qualifizieren; und damit ist Frederick Jackson Turner noch immer aktuell.

Die Erhebung statistischer Bevölkerungsdaten hat nicht nur in den USA Kontroversen ausgelöst. In Regionen oder Ländern mit rivalisierenden Religionen stießen sie auf den Widerstand verschiedener Glaubensgemeinschaften, die hinter zu niedrigen Zahlen eine Verschwörung vermuteten. Seit mehr Wirtschaftsdaten in die Zensusberichte einfließen, mussten politische Führer sich vermehrt unangenehmen Tatsachen stellen, wie Arbeitslosigkeit, Obdachlosigkeit, Niedergang verschiedener Industrien, unausgewogene Handelsströme, unzureichende soziale Dienste, usw. Wo staatliche Beihilfen von genauen Erhebungen abhingen, verlangten die betroffenen Gruppen oft eine erneute Zählung. Und in Ländern mit repressiven Regimes tun die Leute das, was sie seit Jahrtausenden getan haben – sie gehen einer Volkszählung aus dem Weg, denn sie kann das sein, was sie schon zur Zeit König Davids war: Eine Sünde, wie das Buch der Chroniken (1 Chr. 21) deutlich macht. Gott hatte als Strafe für das Vergehen »Volkszählung« drei Tage Pest über das Volk geschickt. Folglich erachteten die einfachen Menschen aller Zeiten den Zensus als eine Bedrohung, wenn nicht gar als Sünde.

Statistische Hilfsmittel

»Die Wahrscheinlichkeitsrechnung ist im Grunde nichts anderes als gesunder Menschenverstand, ausgedrückt durch Mathematik.«

Pierre Simon de LaPlace

Die Ungenauigkeiten in der Erhebung von Bevölkerungsdaten, die fehlerhafte Interpretationen in Bezug auf die Produktivität von Farmen nach sich zogen, oder auch durch die Neudefinition von Kriterien deutlich wurden, zeigten, in welchem Maße falsche oder widersprüchliche Informationen die Realität verdrehen konnten. Es wurde zunehmend deutlich, dass erzeugte Messergebnisse immer nur so relevant wie die zugrunde gelegten Kriterien sein konnten; einmal abgesehen von der Genauigkeit der erfassten Daten und der Methode der tabellarischen Darstellung, die die Ergebnisse ebenfalls verändern können.

Während eine Menge an neuen Instrumenten und Entdeckungen die Fähigkeiten erweiterten, die Phänomene der Welt zu messen, führten diese gesteigerten Fähigkeiten auch dazu, eine noch größere Fülle an Daten zu schaffen. Im gleichen Maß, wie sich die gewonnenen Informationen vermehrten, erhöhte sich auch das Fehlerpotenzial sowohl aufgrund mangelhafter Ausstattung als auch durch die tabellarische Darstellung. Bis zum Ende des 18. Jahrhunderts, als der französische Astronom und Landvermesser Pierre François André Méchain (1744–1804) seine ersten Breitengradmessungen aufzeichnete, geschah wenig, um die Genauigkeit der Messinstrumente zu verbessern oder auch nur die Ergebnisse auf ihre Richtigkeit zu überprüfen. Bald wurde klar, dass die Resultate einer Kontrolle bedurften, was den Inhalt, aber auch was die Handhabung und Präsentation der Messwerte betraf. Infolgedessen entwickelte man neue Messinstrumente, um nicht nur die Genauigkeit des Instrumentariums und der Inhalte zu gewährleisteten, sondern auch bei der Analyse und »Neuverpackung« der Messergebnisse zu helfen.

Dazu gehörten auch statistische Methoden mit ihrem breiten Spektrum mathematischer Messinstrumente, die die Erfassung, Sammlung, Analyse, Interpretation und Präsentation von Informationen umfasst. Statistische und eine Reihe artverwandter Instrumente wie die Wahrscheinlichkeitsrechnung hatten großen Einfluss auf eine breit gefächerte Palette von Wissensbereichen, wie Geografie, Demografie, Sport, Psychologie und Naturwissenschaft, um nur einige wenige zu nennen. Mit statistischen Methoden lassen sich gesammelte Daten zusammenfassen und erklären. Sie können auch dazu dienen, Muster in den Ergebnissen aufzudecken: So werden zum Beispiel in der Darstellung von Bevölkerungen mathematische Methoden und Kriterien angewendet, um Ähnlichkeiten größerer Gruppierungen von kleineren, spezifischen Stichproben ableiten zu können. Auf jeden Fall ist die Statistik unter anderem von besonderer Wichtigkeit für Wirtschaft, Finanzen und die Dynamik des Geldumlaufs. Sie hat Wirtschaft und Handel beflügelt und trägt noch heute dazu bei, dass sich die ökonomische Welt dreht.

Dabei wurden Verfahren aus anderen Bereichen für die Statistik modifiziert. So ahnte Gauß, als er seine Landvermessung im Königreich Hannover durchführte (siehe ab S. 128), nicht, dass seine Theorie der Kleinsten Quadrate und die nach ihm benannte Normalverteilung (die Messfehler beschreibt) eine neue wissenschaftliche Disziplin fördern würden: die statistische Messung. Die Methode der Kleinsten Quadrate bot ein

grundlegendes Instrument für diesen Bereich und die Normalverteilung, das am weitesten verbreitete Mitglied der »Ver-
teilungsfamilie«, dient heute als Grundlage vieler statistischer
Tests.

Die Statistik hatte sich bereits im 18. Jahrhundert als Mittel
der Datensammlung zur Steuerung von Wirtschaft, Regierungen und anderen Verwaltungen entwickelt. Im 19. Jahrhundert schloss sie die Beschaffung und analytische Auswertung von allgemeinen Informationen ein. Die Wahrscheinlichkeitstheorie, eine grundlegende mathematische Funktion
in der Statistik, war allerdings schon viel früher bekannt, vermutlich aufgrund des jahrtausendealten Interesses, die
Gewinnchancen bei Glücksspielen und Wetten zu verbessern.
Das ist leicht verständlich, beschäftigt sich die Wahrscheinlichkeitsrechnung doch damit, Chancen vorauszusagen. Die
Einführung des Computers brachte der statistischen Analyse
gewaltige Fortschritte, da damit die Erfassung von Daten in
gewaltigem Maßstab und Berechnungen, die manuelle Fähigkeiten übersteigen, möglich wurden.

In der statistischen Analyse eines bestimmten Ereignisses oder
Problems benutzt man in der Regel eine Stichprobe statt eine
ganze Population zu studieren. Die relevanten Daten werden
gesammelt und danach statistisch ausgewertet, um Trends,
Entwicklungen und deren mögliche Ergebnisse vorherzusagen. Die Informationen können in beschreibendem Format
mit einer numerischen oder grafischen Zusammenfassung
der Stichprobe dargeboten werden, um den Durchschnitt und
vorherrschende oder wiederkehrende Ergebnisse wie Mittelwert, Modalwert oder Median hervorzuheben. Um den
Mittelwert zu berechnen, summiert man alle Daten und teilt
sie dann durch die Anzahl der Daten. Der Mittelwert wird
auch Durchschnitt genannt. Der Modalwert ist der Merk-
malswert, der am häufigsten vorkommt, und der Median ist

der Wert in der Mitte, wenn alle Beobachtungswerte nach der Größe geordnet sind. Ein Beispiel: Man hat die Zahlensequenz 2,3,6,6,3,8,2,6,9. Der Mittelwert ist 5, da die Summe aller Werte 45 ergibt, die Anzahl der Werte 9. 45 dividiert durch 9 ergibt 5. Der Modalwert ist in diesem Beispiel 6, da die 6 am häufigsten vorkommt. Der Median ist ebenfalls 6, da er in der Mitte der Zahlenreihe steht, wenn man sie der Größe nach anordnet.

Über die beschreibende Komponente hinaus versuchen Statistiken, analytische Schlussfolgerungen aus den Daten zu ziehen, indem sie anhand von Modellen Muster skizzieren und die Wahrscheinlichkeit oder Zufälligkeit von Mustern in der Stichprobe ermitteln, aus der sich die Analyse der größeren Population ableiten lässt.

Ironischerweise wurden einige statistische Instrumente benutzt, um Daten in einer Weise zu deuten, die in die gewünschte Richtung zielt. Das wird durch eine Analyse von unzusammenhängenden oder kausalen Variablen möglich, bei der äußere Phänomene unberücksichtigt bleiben. Um auf obenstehendes Beispiel zurückzukommen: Wenn man die ersten drei Zahlen der Serie betrachtet, könnte man schließen, dass das Multiplizieren der ersten beiden Zahlen zur dritten Zahl führt ($2 \times 3 = 6$). Anstatt dies als Muster anzusehen, wäre der nächste Schritt, diese Regel anhand der folgenden Zahl in der Reihe zu überprüfen. Dabei würde man schnell feststellen, dass die ursprüngliche Annahme falsch ist.

Da die Wahrscheinlichkeitsanalyse normalerweise benutzt wird, um festzustellen, in welchem Maß eine ausgewählte Stichprobe für das Ganze repräsentativ ist, sollte man alle Komponenten der gemessenen Informationen kennen und verstehen, um das Ergebnis auf alle Messergebnisse anwenden zu können.

Wirtschaftsmetrik

»Wiegen und Zahlen«

Gesetz im Londoner Hafen im 18. Jahrhundert

Begriffe wie RoI (Investitionsrentabilität), ausgewogene marktfähige Sicherheiten, EBIT (Gewinn vor Steuern und Zinsen), Churn Rate (Abwanderungsrate von Kunden), RTI (Realzeit-Informationen) und Balanced Scoreboard (Zielgröße von Leistungen) gehören zu den Messungen, die in modernen Unternehmen unter dem Begriff Wirtschaftsmetrik zusammengefasst werden. Manche behaupten, dies sei ein Akronym für alles, was mit der Kundenzufriedenheit zusammenhängt (Metrics = Measure Everything That Results In Customer Satisfaction), aber es leitet sich vom lateinischen »metior« (Maß) her und wurde gegen Ende des 20. Jahrhunderts mit dem Aufstieg der Computerwissenschaft und Informationstechnologie zum Schlagwort. Das Konzept, alles zu messen, was wichtig oder riskant ist, geht jedoch mindestens auf die Ursprünge des modernen Kapitalismus zurück, vor allem in Gestalt des Buchhalters, Aktuars und Gerichtsschreibers. Obwohl Kaufleute seit Menschengedenken Buch führten, nahm das Rechnungswesen im 15. Jahrhundert in Venedig seinen Ausgang; dort veröffentlichte der Mathematiker Luca Pacioli (1445–1514) im Jahr 1494 das erste Buch mit einer Beschreibung der doppelten Buchführung. In diesem System wird jeder Geschäftsvorgang als Soll und Haben vermerkt. Am Ende des Tages müssen die Eintragungen in beiden Rubriken den gleichen Wert angeben und bieten somit eine

Möglichkeit, die Rechenoperationen zu überprüfen. Die Beträge für Aktivposten und Verbindlichkeiten, Einnahmen und Ausgaben mussten ausgewogen sein; kein Wunder, denn das Gleichgewicht galt als Idealzustand in vielen Lebensbereichen, von der Gesundheit bis zur Architektur. Mit dem venezianischen Handel weitete sich auch die Rechnungslegungsmethode auf andere Mittelmeerländer aus.

Aus einer speziellen Form des Rechnungswesens – der Einschätzung und Bewertung von Risiken – entstand der Berufszweig des Wirtschaftsmathematikers. 1662 legte John Gaunt (1620–1674), ein Londoner Textilkaufmann und Amateurmathematiker, der englischen Regierung Daten über die Lebensdauer der Menschen vor. Er zeigte, dass Altersgruppen unterschiedliche Todesrisiken aufweisen. Neugeborene etwa hatten eine höhere Lebenserwartung, die mit zunehmendem Alter abnahm. Daraus entwickelte Gaunt die erste Lebenserwartungstabelle und lieferte somit ein frühes Messverfahren im Bereich der Versicherungsstatistik. Bevor der Mathematiker Edmund Halley Hofastronom wurde und herausfand, dass ein Komet alle 76 Jahre auftauchte und 1758 das nächste Mal zu sehen sein würde (16 Jahre nach seinem Tod, wie sich herausstellte), – wir haben ihn schon im Zusammenhang mit der Berechnung des Venustransits (siehe ab S. 78) kennengelernt – veröffentlichte er 1693 mithilfe von Aufzeichnungen aus den akribisch genauen Archiven der Stadt Breslau eine sorgfältig dokumentierte Sterbetafel, die Grundlage für Zahlungsberechnungen bei der Ausfertigung von Lebensversicherungspolicen wurde.

Als Aktuare, die für Versicherungen tätig waren, Fortschritte bei der Erstellung von Statistiken für die unterschiedlichsten Risiken machten – Feuer, Gesundheit, Unfall –, wurde die Gesellschaft gründlich unter die Lupe genommen, wenn auch auf numerische Weise.

Auch Gerichtsschreiber profitierten von den neuen statistischen Methoden. Sie fertigten früher Protokolle über Gesetze und ihre praktische Umsetzung an; mit dem Aufstieg der Industriegesellschaften, der großen urbanen Zentren und der Nationalstaaten wurden sie zu Beamten, die ihr Fachwissen in Bereichen wie Buchhaltung und Statistik auf Staatsangelegenheiten anwendeten – vor allem in merkantilistischen Staaten. Die Regierungsstatistiken waren reine Wirtschaftsmetrik; sie zeigten, wie ein Land in Bezug auf seine Handelsbilanz, Goldreserven, Produktionsleistung und interne Verbesserungen abschnitt. Alle diese ökonomischen Faktoren waren Machtfaktoren – ein Rückhalt für die legale Ausübung der Macht, die aus der Sicht des deutschen Ökonomen und Soziologen Max Weber (1864–1920) die politische Realität bestimmt.

Die moderne Wirtschaftsmetrik

Ende des 19. Jahrhunderts erkannten europäische und amerikanische Fabrikanten – die Nahrungsmittel, Uhren oder Schusswaffen herstellten –, dass schon kleinste Leistungssteigerungen eine merkliche Steigerung der Massenproduktion und damit beachtliche Gewinne nach sich zogen. Damit begann der Siegeszug des *Scientific Management*, das die menschliche Arbeitsleistung im gleichen Maß zu steigern suchte wie die maschinelle. Der amerikanische Ingenieur Frederick W. Taylor (1856–1915) etwa gelangte zu der Schlussfolgerung, dass es für jede Tätigkeit die »richtige Bewegungsabfolge« gab. Dadurch, dass er die optimale Handhabung von Arbeitsprozessen herausfand, verpflichte er sich die führenden Industrieellen zu großem Dank und wurde zum »Vater der wissenschaftlichen Betriebsführung« ernannt. Gleichermaßen machten sich Frank (1868–1924) und Lillian (1878–1972) Gilbreth als Protagonisten der modernen Zeit- und Arbeitsstudien einen Namen: Sie filmten Arbeiter und analysierten die sogenannte »Biometrik«. Andere Metriker richteten ihr Augenmerk auf die administrative Betriebsführung; keiner war in diesem Bereich einflussreicher als der Franzose Henri Fayol (1841–1925), der in seinem 1917 erschienenen Buch *Allgemeine und industrielle Verwaltung* vierzehn Managementprinzipien als Richtlinien der Unternehmensführung beschrieb. (Vielleicht war es kein Zufall, dass der amerikanische Präsident Woodrow Wilson (1856–1924) nach dem Ersten Weltkrieg ein 14-Punkte-Programm für den Wiederaufbau Europas vorlegte.)

Beide Weltkriege (1914–1918 und 1939–1945) und die dazwischenliegende Weltwirtschaftskrise schufen das Fundament für eine neue globale Wirtschaft, die Mitte des 20. Jahrhunderts Konturen annahm. Schon im 17. Jahrhundert hatte es multinationale Gesellschaften gegeben (die *Ostindien Kompanie* wurde 1600 gegründet), doch der Wiederaufbau in der Nachkriegszeit, die beispiellose Abhängigkeit vom Erdöl und ein gnadenloser Wirtschaftswettbewerb infolge der Rivalitäten des Kalten Krieges brachten neue Parameter ins Spiel, die nirgendwo dramatischer waren als in Japan.

Bis April 1952 unter Besatzung der Alliierten, begann in Japan ein nahezu völliger Umbau auf politischer, wirtschaftlicher und sozialer Ebene. Eine der letzten Amtshandlungen der Besatzer war der Zensus im Jahr 1951, der den amerikanischen Statistiker Edwards Deming (1900–1993) als Berater der US-Armee nach Tokio brachte. Während des Krieges war er Mitglied eines fünfköpfigen technischen Notfallkomitees gewesen, das Standards für die Militärproduktion entwickelt und das Konzept der statistischen Prozesslenkung gefördert hatte. In Japan lehrte er dieses Konzept mithilfe der *Japanese*

Union of Scientists and Engineers. Eine seiner zwingendsten Ideen war das statistische Verfahren der Varianzanalyse für jeden Schritt des Produktionsprozesses. Zu den Topmanagern, die Demings Ratschläge beherzigten, weil sie die Bedeutung der statistischen Analyse erkannt hatten, gehörten Ohno Taiiche (1912–1990), Herstellungsleiter der Toyota Motor Company und (später) der Ingenieur Shigeo-Shingo (1909–1990), ebenfalls Mitarbeiter des japanischen Autogiganten. Demings Prestige ermöglichte den beiden, ihre Ideen umzusetzen, die nicht nur dazu beitrugen, mehr und bessere Autos herzustellen, sondern auch die Kultur des Unternehmens, der Industrie und des ganzen Landes grundlegend zu verändern. Sehr viel später skizzierte Deming seine Prinzipien im *System des profunden Wissens* und den *Vierzehn Managementprinzipien*, von denen eines – die Überwachung der Qualität mit statistischen Mitteln – die Massenbegutachtung ersetzen sollte. Ironischerweise ließen sich die amerikanischen Automobilhersteller Zeit, Demings Erkenntnissen Rechnung zu tragen. Das hatte zur Folge, dass sich japanische Importe auf dem US-Markt bald auf dem Vormarsch befanden, deren Produktion zum Teil nach Nordamerika verlagert wurde und die japanischen Fabrikate so reißenden Absatz fanden, dass sie Ford und Chrysler 2007 abhängten.

Deming war nicht der Erfinder der Varianzanalyse (ANOVA), die in den 1920er-Jahren von dem englischen Mathematiker und Genetiker Ronald Fisher (1890–1962) entwickelt wurde. Doch Deming und der *Toyota Prozess* (auch *Just in Time = JIT-Produktion* genannt) bewirkten, dass die Messung von Unternehmensleistungen anhand feststehender und variabler Effekte messbare ökonomischen Daten hervorbrachte, die für Prognosen verwendet werden konnten. Heute richten die Beobachter der Aktienbörsen weltweit ihren Blick darauf, ob die Reingewinne oder Verluste eines Unternehmens hinter den Erwartungen zurückbleiben, sie erfüllen oder übertreffen. Solche Informationen können den Börsenwert einer Firma binnen eines Tages oder weniger Stunden verändern. Bei so kurzfristigen Reaktionen werden jedoch die langfristigen Kenngrößen, die wesentlich wichtiger sind, oft übersehen. Niemand hätte 1958, als Toyota mit dem Autoverkauf in den USA begann, vorhersehen können, in welchem Ausmaß die Gesamtproduktion der für den Export bestimmten Fahrzeuge steigen würde: 1969 belief sie sich auf 1 Million, 1975 auf 5 Million, vier Jahre später auf 10 Millionen, und 1982 wurde die 20-Millionen-Marke erreicht. Obwohl Unternehmensparameter in der elementaren Analyse unverzichtbar und kurzfristig nützlich sind, erkannte schon Deming, dass sich »die wichtigsten Dinge im Leben nicht messen« oder vorhersehen lassen – beispielsweise Menschenrechtsbestrebungen oder Terroranschläge, auch wenn solche Faktoren zu den wichtigsten Messaufgaben gehören.

Geld als Maß

»*The King is in his counting house, counting out his money* ...«
Kinderreim, 4 & 20 Blackbirds

Der König ist in seinem Zählhaus, zählt all sein Geld ...« Die zweite Zeile des Kinderreims erfasst die wichtigste Eigenschaft des Geldes als Maß: Es ist zählbar. Alle Messwerte müssen sich in Zahlen ausdrücken lassen und bei Geld war das schon seit Menschengedenken so. Aber Geld ist auch ein abstrakter Begriff. Gleich ob in Rupien oder Riyal, Won, Yen oder Euro, »Geld« ist ein Sinnbild des Wohlstands, wobei sich das englische Wort »money« aus dem Lateinischen herleitet und »einsam« bedeutet.

Geld ist älter als die Geschichtsschreibung, wie archäologische Funde beweisen. Archaische Völker in Afrika gehörten zu den ersten, die bestimmte Pigmentmengen als Zwischentauschgut benutzten, um den Handel reibungsloser zu gestalten. Ocker war beispielsweise für die Kunst von Wert, doch da die Menschen erkannten, dass es sich dabei um eine kostbare Substanz handelte, dienten Ockerpigmente auch dazu, einen fairen Tauschhandel zu gewährleisten. Außerdem ließ sich Ocker in Hälften, Viertel, Achtel, usw. teilen, sodass es den Besitzern gestattete, den jeweiligen Wert oder »Preis« einer Ware festzulegen. Auch Muschelschalen, polierte Steine, seltene Federn und andere relativ dauerhafte Güter dienten als Zahlungsmittel – wenn die Nachfrage größer war als das Angebot.

Ungefähr vor 3000 Jahren begannen die Chinesen, ihre Kaurischalen-Währung durch Eisen- oder Kupfermünzen zu ersetzen; die Münzen hatten wie die Kaurischalen ein Loch in der Mitte, sodass sie zu Ketten von verschiedener Länge zusammengefügt werden konnten. Durch den Handel von Ost- nach Westasien verbreitete sich das Konzept des Geldes mit den Waren, die ausgetauscht wurden.

Gold und Silber

Im Königreich Lydia, das dem Hethiterreich nachfolgte (entlang der Mittelmeerküste der heutigen Türkei), wurden erstmals Gold- und Silbermünzen geprägt. Vor ungefähr 2600 Jahren wurden Münzen mit Elektrum-Legierung eingeführt, die den reinen Metallmünzen vorausgingen. Warum Gold und Silber bevorzugt wurden, ist unklar. Aluminium, Zink, Nickel, Kupfer, Platin und Eisen, rein oder als Legierung, wären genauso zweckdienlich gewesen, um Geld herzustellen und Wohlstand zu messen. Doch Gold und Silber besaßen einen magischen Reiz. Sie repräsentierten Sonne und Mond. Gold behielt Tag für Tag seinen Glanz; Silber wurde mit der Zeit schwarz, wie die Mondscheibe. Ein Stück von der Sonne oder vom Mond zu besitzen, verlieh magische Kräfte; deshalb kann man davon ausgehen, dass Geld ursprünglich ein Symbol der Macht und nicht nur ein Zeichen des Wohlstands war. Um den magischen Effekt zu verstärken, wurde bei den ersten Münzen der Kopf eines mächtigen Tieres oder Königs eingeprägt.

Das Wertverhältnis zwischen Gold und Silber hatte großen Einfluss auf die Wirtschaft, angefangen von der Zeit des Römischen Reiches bis ins 20. Jahrhundert. Da Gold selten war, war auch der Geldnachschub begrenzt. Schuldner zogen die Silberwährung vor, weil es wahrscheinlicher war, dass somit ihre finanziellen Verpflichtungen durch Inflation abge-

wertet wurden. Als die beiden Metalle in Form von Münzen
in Umlauf kamen, wurden die geringer bewerteten Münzen
benutzt und die höherwertigen gehortet, was zu Problemen
im Binnen- und Außenhandel führte, denen die Regierung
etwas entgegensetzen musste.

In diesem Zusammenhang begegnen wir auch Isaac Newton
wieder. In England verabschiedete zwar das Parlament Gesetze zur Regulierung des Geldflusses, aber den größten Einfluss
auf die Bimetall-Politik hatte der »Master« der Königlichen
Münze (Münzmeister), von 1699 bis 1727 Isaac Newton, das
»Maß aller Dinge« in nahezu sämtlichen Bereichen der
Wissenschaft. 1705 wurde er von Königin Anne in den Rit-
terstand erhoben – nicht etwa wegen seiner genialen mathematischen Fähigkeiten oder als Begründer der Infinitesi-
malrechnung, sondern als Befürworter einer »harten Geld-
politik«. Sein hartes Vorgehen gegen Falschmünzer war
berüchtigt. 1717 war Newton federführend bei der Neubewertung des »Pfund Sterling«, das vom Silber- auf den Goldstandard umgestellt wurde.

Viele Länder machten schließlich nach dem englischen Vor-
bild den Wert des Goldes zum Wert des Geldes. Silbermünzen
blieben weiterhin in Umlauf, aber ihr Wert wurde am Wert des
Goldes und nicht mehr am Wert des Edelmetalles Silber fest-
gemacht. Die USA hielten längere Zeit an einem Bimetall-
Standard fest – der Wert der Gold- und Silbermünzen war also
nicht aneinander gekoppelt. Erst 1900 übernahmen sie den
Goldstandard und behielten ihn bis 1971 bei. Nach der Kon-
ferenz von Bretton Woods im Jahr 1944 »koppelten« die meisten europäischen Nationen ihren Wechselkurs an den US-
Dollar als Leitwährung – damals die stabilste, durch Gold
unterlegte Währung. Das amerikanische Wirtschaftswachs-
tum und die Finanzierung des Vietnamkrieges erforderten
jedoch einen größeren Geldumlauf, als die US-Goldreserven

stützen konnten. Und so ließen die USA den Goldstandard 1971 fallen und stellten den Wert ihres Geldes auf ein neues, abstraktes Fundament, »die uneingeschränkte Glaubwürdigkeit und das Ansehen der Regierung der Vereinigten Staaten«. Das war kaum anders als die Praxis, Geld an den magischen Kräften von Sonne und Mond auszurichten. Und es blieb teilbar und zählbar, in guten wie in schlechten Tagen.

Noch bezahlen die meisten Menschen mit Scheinen und Münzen, doch es ist fraglich, wie lange das die Standard-Zahlmethode bleiben wird, da monetäre Systeme vor neue Herausforderungen gestellt werden. Der weltweite Geldbedarf wird angesichts der aufstrebenden Volkswirtschaften Asiens zweifellos steigen. Elektronisches »Geld« könnte die Lösung sein und das Bargeld endgültig ablösen. Schon heute kommt es in vielen Ländern der Erde vermehrt zum Einsatz. Im Grunde genommen ist auch das elektronische Addieren und Subtrahieren von Geldsummen eine messbare Abstraktion, wie alle Formen des Geldes in der Geschichte.

Aktienindex: Spiegel der Welt

»Die Aktienbörse ist nichts anderes als ein Spiegel, der ein Bild der darunterliegenden, fundamentalen ökonomischen Situation vermittelt. Ursache und Folge verlaufen immer von der Wirtschaft zur Aktienbörse, niemals andersherum.«

The Great Crash, 1955

Seit der Epoche der »Handel treibenden Abenteurer«, als das moderne Europa noch in den Kinderschuhen steckte, verlangten Investoren Auskunft über zwei Dinge: die Sicherheit der Anlage von Spekulationskapital und allgemeine Marktentwicklungen – mit anderen Worten, womit und wann man Handel treiben sollte. Aktienmärkte und ihre Vorläufer, die Handelsverbände, hatte es schon im 11. Jahrhundert in Ägypten und im 12. Jahrhundert in Frankreich gegeben, doch die Fähigkeit, Finanzdaten zu sammeln und systematisch weiterzuleiten, war begrenzt; folglich waren die Finanzmärkte bis zur Einführung der ersten verlässlichen elektrischen Kommunikationsmittel regional isoliert. Erst mit der Verlegung eines Unterwasserkabels zwischen England und Frankreich konnte der deutsche Unternehmer Paul Julius Baron von Reuter (1816–1899) 1851 via »Draht« Marktinformationen aus Paris empfangen, die er an die Händler der Londoner Börse (*London Stock Exchange*) weitergab. Die Industrielle Revolution trug zur Gründung zahlreicher Unternehmen auf beiden Seiten des Atlantik bei, vergrößerte den Pool handelbarer Wertpapiere und den Bedarf an besseren Messmethoden.
1882 gründeten der amerikanische Journalist Charles Henry Dow (1851–1902) und seine Partner Edward Jones (1856–

1920) und Charles Bergstresser (1821–1922) die Firma Dow, Jones & Company, die ihren Kunden bald Finanzberichte per Kurier zuschickte. Um auf allgemeine Markttendenzen einzugehen, entwickelte sie 1884 einen Index, der den Durchschnittswert der Tageskurse mehrerer Aktien ermittelte und diesen Wert im *Customer's Afternoon Letter*, dem ersten Börsenbrief, bekannt gab. Als die Liste der Abonnenten umfangreicher wurde, entstand 1889 aus dem nachmittags zugestellten Brief das *Wall Street Journal*.

Dow, Jones & Companys bekanntester Index – der US Industrieaktienindex (DJIA) – erschien erstmals am 26. Mai 1896. Er basierte auf der Addition der Tageskurse von einem Dutzend führender amerikanischer Unternehmen, geteilt durch zwölf. Einer der größten Mischkonzerne der Welt, *General Electric*, der 1892 aus einer Fusion hervorging, gehörte zum ursprünglichen Dutzend und ist als einziges Unternehmen noch heute im Index vertreten. Der erste DJIA-Wert lag bei 40,94. Im Sommer des Jahres 1896, während der Wirtschaftskrise, musste der Index mit 28,48 Punkten ein Allzeittief verzeichnen. Ein ähnlicher Zusammenbruch folgte auf den Börsenkrach im Oktober 1929, als der DJIA von mehr als 350 Punkten (September) unter die 200-Punkt-Marke (Oktober) fiel. Im Lauf der Zeit wurde die Liste auf dreißig große Unternehmen ausgeweitet, wobei Zugänge und Abgänge die wechselnde Befindlichkeit der US-Wirtschaft widerspiegeln. Zu den derzeit im Index aufgeführten Unternehmen gehören *Hewlett-Packard*, *Microsoft*, *Home Depot*, *Wal-Mart* und *Walt Disney*, gemeinsam mit den Veteranen *Coca-Cola*, *AT & T* und *Procter & Gamble*. Der DJIA brauchte 76 Jahre, um die 1000-Punkte-Marke zu erreichen (1972); am 11. Oktober 2007 legte er mit 14 198,10 Punkten seinen absoluten Rekordstand vor, bevor er erneut zur Talfahrt ansetzte.

Heute messen Aktienmärkte in vielen Ländern Trends mit einem Index, u. a. Südkorea (KOPSI, 1964), Hongkong (Hang Seng, 1969), London (FTSE, 1984), Frankfurt (DAX, 1984) und Frankreich (CAC, 1987). Sie werden zwar nicht alle auf gleiche Weise berechnet, aber ihre Messwerte steigen oder fallen in direktem Bezug – zum einen wegen der unverzüglichen Kommunikation und zum anderen aufgrund der Globalisierung. Es gibt keinen einzelnen Index, der ökonomische Veränderungen auf weltweiter Basis misst, doch die Entwicklung eines solchen Instruments ist möglich und vielleicht sogar zu erwarten.

Ohne Messungen keine Wissenschaft

Das perfekte Maß

*»Der am genauesten gemessene und vorhersehbare Messwert ist
das Verhältnis des elektrischen Dipols eines Elektrons zu seinem
magnetischen Dipol. Dieser wurde durch Richard Feymanns Theorie,
mehrtägige Rechnerzeit und nachfolgende Experimente bis auf zehn
oder elf Dezimalstellen bestätigt, was dem Verhältnis zwischen
einer Haarbreite und der Entfernung San Diego–New York entspricht.
Eine bewundernswerte Messung, meines Wissens die genaueste
und vorhersehbarste.«*

Kary Mullis, Nobelpreisträger für Chemie

Das Wort »Wissenschaft« leitet sich vom lateinischen
Begriff für »Wissen« ab. Wissenschaftler sind Menschen,
die Wissen schaffen, aber acht Jahrhunderte lang wurde niemand Wissenschaftler genannt. Menschen, die wir heute als
Wissenschaftler bezeichnen, wie Nikolaus Kopernikus (1473–
1543) oder Benjamin Franklin (1706–1790), wurden damals
als Naturphilosophen bezeichnet, bis Mitte des 19. Jahrhunderts Begriffe wie Wissenschaft und wissenschaftliche Methode synonym gebraucht wurden. Die wissenschaftliche Methode stützt sich auf Experimente, um Hypothesen zu überprüfen, und hat Erfolg, wenn sie reproduzierbare Ergebnisse
hervorbringt.

Im Lauf der Zeit schlich sich die wissenschaftliche Methode in
die Wissensproduktion auf jedem Gebiet ein. Aber es gibt
einen roten Faden zwischen der modernen Wissenschaft, der
älteren Naturphilosophie und den ersten Nachforschungen

des Menschen über die Welt: Dieser rote Faden ist die Messung. Ohne Messungen gäbe es kein Wissen, denn jedes Objekt kann als Abweichung von einem Referenzpunkt auf der Ebene von Raum, Zeit oder Masse gemessen werden. Der Radius der Messungen hat sich geändert seit die Menschen neue Möglichkeiten entdeckt haben, Länge, Weite, Dichte und Gewicht einer Substanz in immer größerem und kleinerem Maßstab zu bestimmen. Wir nähern uns dem perfekten Maß, aber auch der perfekten Zeit und den perfekten Ressourcen, um dieses Ziel zu erreichen. Nur drei Beispiele: Das gyromagnetische Verhältnis, der g-Faktor von Elektron und Muon, ist eine Konstante. Dieser g-Faktor wurde so genau definiert, dass die Messunsicherheit bei einem Bruchteil von einer Trillion liegt. Die größte bekannte Messung ist vielleicht das Lichtjahr (ohne Vielfache wie die Parallaxensekunde = 3,26 Lichtjahre mitzurechnen). In einem Jahr kann das Licht 9,46 Billionen Kilometer ($9,46 \times 10^{12}$ km) zurücklegen. Diesen Wert hat man unter anderem benutzt, um zu berechnen, dass *Cygnus A*, eine Radiowellen ausstrahlende Galaxie »unweit« der Sonne, ungefähr 600 Millionen Lichtjahre von uns entfernt ist.

Die kleinste Messung ist vermutlich die Attosekunde, der trillionste Teil einer Sekunde. Sie wird verwendet, um die Zeitdauer inneratomarer Bewegungen (nuklearer Rückstoß) zu ermitteln. Weder Lichtjahr noch Attosekunde entsprechen unseren Vorstellungen von der Realität, aber auch hier zielen Messungen in der Wissenschaft darauf ab, Wissen zu erzeugen, das über unsere angeborenen Sinneswahrnehmungen hinausgeht.

Lebenszeichen

»Das Leben ist kurz, die Kunst lang, die Gelegenheit flüchtig,
die Erfahrung trügerisch und das Urteil schwierig zu treffen.«

Hippokrates

Messungen haben in der Medizin seit jeher eine wichtige Rolle gespielt. Heute sind sie lebenswichtig in Bereichen wie Diagnostik und Behandlung. Medizinische Messungen machen es sowohl möglich, Wachstumsveränderungen oder Gesundheitsstandards effektiv zu überwachen, als auch verschriebene Medikamente wirkungsvoll zu verabreichen, sei es die optimale Dosierung von Aspirin oder das richtige Maß an radioaktiver Strahlung. Mit den Fortschritten im Bereich der Medizin verbessern sich auch die Messinstrumente und Messmethoden. Veränderungen in den Messinstrumenten wiederum führen oft einen Wandel in den Parametern des Messens selbst herbei.

Eine der ersten medizinischen Messungen bezog sich auf den Körper des Menschen. Als der griechische Arzt Claudius Galenus (ca. 129–200 v. Chr.) eine Methode zur Messung der Neutraltemperatur entwickelte, hoffte er, damit einen Weg zu finden, einen Eckwert für die Körpertemperatur zu normieren. Die erste methodische Messung der Körpertemperatur führte der deutsche Arzt Carl Wunderlich (1815–1877) durch, allerdings erst 1861. Lange vor dem Einsatz von Computern zur Datenanalyse präsentierte er die Ergebnisse einer Stichprobe mit sage und schreibe einer Million Temperaturmessungen bei gesunden Probanden in Tabellenform. Den Temperatur-

Mittelwert der Stichprobe legte er auf 37 °C oder 98,6 °F fest. Er folgerte zudem, dass eine Körpertemperatur über 100,4 °F (38,0 °C) den Normalbereich überstieg und auf Fieber deutete. Obwohl seine Tabellen ein hohes Maß an Beharrlichkeit erkennen lassen, wurde später nachgewiesen, dass die durchschnittliche Körpertemperatur leicht unter seinen Werten liegt und entsprechend der Tageszeit variieren kann. Neuere Studien berücksichtigen zusätzliche Faktoren wie Lebensalter und Aktivitätsgrad eines Menschen. Durch jüngere Studien scheint sich herauszukristallisieren, dass ältere Erwachsene generell eine niedrigere Körpertemperatur haben: Eine Temperatur, die in den Normalbereich fällt, könnte hier Fieber signalisieren, während eine darunterliegende nicht unbedingt auf eine Krankheit hinweisen muss. Offenbar nehmen einige Reaktionen des Körpers mit dem Alter und dem Aktivitätsgrad ab, sodass die Fieberreaktionen ebenfalls begrenzt sind und die Messung der Körpertemperatur als Indikator bei älteren Menschen weniger hilfreich ist als bei jungen.

Wie man an der Festlegung der »normalen« Körpertemperatur gut sehen kann, hat man sehr früh nach Möglichkeiten gesucht, Messungen des menschlichen Gesundheitszustands zu vereinheitlichen, doch seit Messinstrumente und Informationen immer komplexer werden, neigt die medizinische Diagnose wieder zu einer individuelleren Vorgehensweise.

Neben dem Messen der Temperatur gibt es Hunderte anderer Tests, vom Akustik-Reflextest bis zum Xylose-Toleranztest, um die menschliche Gesundheit zu messen. Der 1952 entwickelte Apgar-Score – nach der Medizinerin Virginia Apgar (1909–1974) von der *Columbia University* benannt – misst Herzfrequenz, Atemantrieb, Muskeltonus, Reflexauslösbarkeit und Hautfarbe von Säuglingen innerhalb von fünf Minuten nach der Geburt; jedem Kriterium kann eine Punktzahl von 0, 1 oder 2 zugeordnet werden. Die höchste erreichbare Punktezahl ist 10, wobei 8 oder 9 noch als normal gilt. Ein Blutzuckerspiegel von 90–130 mg/dL vor der Mahlzeit gilt als normal; ein Anteil von 20–29 mEq/L (Milliäqivalent pro Liter) Kohlendioxyd im Serum liegt ebenfalls im Normalbereich, wobei höhere Konzentrationen auf mögliche Atemwegsstörungen und niedrige auf eine Vergiftung hinweisen können. Die normale Hörschwelle liegt bei 25 dB oder darunter; nachhaltige Taubheit beginnt ab einer Schwelle von 91 dB. Ärzte halten einen Cholesterinspiegel von weniger als 200 ml/dL und einen HDL-Lipoproteinwert (High Density Lipoprotein) von 60 mg/dL für wünschenswert. Eine Blutalkohol-Konzentration von mehr als 0,5‰ zieht in den meisten europäischen Ländern eine Strafe wegen Trunkenheit am Steuer nach sich (in USA liegt die Grenze bei 0,8‰; in Russland bei 0,2‰). Es gibt Messungen für die Histokompatibilität von Antikörpern und PSA-Antikörpern (prostate-specific antigen), für normale Schweißzellen und abnormale weiße Blutkörperchen. Einige Werte ändern sich mit dem Alter (Respiration), andere mit der Höhe (Hämoglobin), aber medizinische Messungen stellen immer ein Instrument für die Diagnose intellektueller Artefakte dar, Krankheiten genannt. Hippokrates hingegen wusste, dass es in der Natur keine Krankheiten gibt, sondern nur Kranke, und dass keine zwei Menschen auf haargenau gleiche Weise krank sind. Krankheiten sind eine Erfindung der Messungen, und die vielleicht älteste medizinische Messung besteht darin, den Puls zu fühlen.

»Lab-Dab« mal 2,5 Milliarden

Aus der Vielzahl der medizinischen Messungen und Errungenschaften soll ein Bereich exemplarisch für alle anderen beschrieben werden: die Kardiologie. Das aus vier Kammern bestehende menschliche Herz, das ein Gewicht von ungefähr 300 Gramm besitzt, schlägt bei einem Erwachsenen normalerweise 72 Mal in der Minute (100 bis 169 Mal bei Neugeborenen), oder 103 680 Mal am Tag, oder ca. 2,5 Milliarden Mal bei einer Lebensdauer von 70 Jahren. Wenn man das Herz mit einem Stethoskop abhört, das 1816 von René Laennac (1781–1826) erfunden wurde, nehmen Ärzte zwei Aktionsphasen der rechten und linken Herzkammer wahr, die sich gemeinsam zusammenziehen: ein »Lab«, wenn sich die Klappen schließen, nachdem beide Kammern mit Blut gefüllt sind, und ein »Dab« nach der Kontraktion, wenn sich die Aorta- und Pulmonalklappen schließen. Die rechte Kammer ist für den Transport des Bluts zu den Lungen verantwortlich, wo es mit Sauerstoff angereichert wird, die linke Kammer schickt das sauerstoffhaltige Blut durch das Netz der Arterien in sämtliche Körpergewebe. Binnen einer Minute läuft das gesamte Blutvolumen – ungefähr fünf Liter – durch die weitverzweigten Arterien, Arteriolen, Äderchen und Venen, die das Herz-Kreislauf-System bilden, und vor allem durch Milliarden kurzer, mikroskopisch kleiner Kapillaren. Zwischen dem ersten Monat nach der Empfängnis, wenn das fetale Herz zu schlagen beginnt, und dem siebten Lebensjahrzehnt pumpt der Herzmuskel 200 Millionen Liter Blut durch den Körper.

Das Herz nimmt nur wenig Sauerstoff und Nährstoffe aus dem Blut, das durch die Kammern fließt, auf. Diese Funktion obliegt den beiden Koronararterien, die von der Aorta ausgehen und an der rechten und linken Seite quer über dem Muskel liegen. Verzweigungen dieser Arterien durchdringen die Innenwand des Herzens. Annähernd drei Viertel des vom Herzmuskel beförderten Bluts versorgt die linke Herzkammer, die eine dickere Mittelschicht als die rechte besitzt und eine besonders große Pumpleistung zu erbringen hat. Unter erschwerten Bedingungen kann das Herz den Blutfluss um das Sechs- bis Achtfache erhöhen, wodurch ein enormer Druck auf Aorta und Koronararterien entsteht. Arterien sind von einer dickeren Schicht weicher Muskeln als die Venen umgeben, weil sie den stoßweisen Druck aushalten müssen, der vom Herzen ausgeht. Sie dehnen sich bei jeder Kontraktion der linken Herzkammer aus, ziehen sich von selbst wieder zusammen und befördern so das Blut zu den Extremitäten. Die Elastizität der Arterien hält den Blutfluss in Gang, wenn sich das Herz entspannt.

Bei Routineuntersuchungen schaut sich der Arzt den Herzschlag vielleicht genauer an, zum Beispiel den Catrotispuls (Halsschlagader), Axillarispuls (Achsel), Radialispuls (Handgelenk, Speiche), Femoralispuls (Oberschenkel), die Arteria poplitea (in der Kniekehle), Arteria tibialis posterior (hinter dem Innenknöchel) und die Arteria dorsalis pedis (mittlerer Fußrücken). Jeder Punkt weist auf den Zustand der Blutzirkulation in dieser Region hin. Mit einem Stethoskop kann der Arzt hören, ob der arterielle Puls »klopft« und schnell abfällt (Wasserhammer oder kollabierender Puls) oder ein Geräusch vom Femoralpuls ausgeht, das wie ein Pistolenschuss klingt (Traube-Symptom). Wenn sich eine Arterie bei leichtem Fingerdruck nur schwer zusammenpressen lässt und einen »harten Pulsschlag« hervorruft, können die Ärzte von einer portalen Hypertension (Bluthochdruck) ausgehen, wenn dieser nicht bereits mit einem Sphygmomanometer, einem Blutdruckmessgerät mit Manschette, festgestellt wurde.

Trotz aller Fortschritte auf diesem Gebiet haben Pulsmessungen in den letzten 1700 Jahren eine rückläufige Entwicklung zu verzeichnen. 289 vor Christus veröffentlichte ein chinesischer Arzt ein zwölfbändiges Werk, *Mei Ching* (Der Puls) mit einem breiten Spektrum an Pulsmessungen, die noch heute zu den vier gängigen Untersuchungsmethoden in der Traditionellen Chinesischen Medizin gehören. (Die anderen drei befassen sich mit der Befragung nach relevanten Erlebnissen, Augenuntersuchungen und Hör- und Geschmackstests.) Die Historikerin Lois Magner schrieb:»Indem der Arzt den pulsierenden Blutströmen, die durch den Herzschlag hervorgerufen werden, zuhörte, konnte er Krankheiten in verschiedenen Körperregionen entdecken.« Der Arzt musste etwa 50 Pulsarten und mehr als 200 Varianten erkennen und wissen, welche auf eine tödliche Krankheit hindeuteten. Der Puls konnte hart wie ein Haken, fein wie ein Haar, tot wie Gestein, tief wie ein Brunnen oder weich wie eine Feder sein. Volumen, Stärke, Schwäche, Regelmäßigkeit oder Unregelmäßigkeit sagten etwas über den Krankheitsverlauf aus, über Tod oder Genesung. Die Sphymologie ermöglichte, Krankheiten bereits im Vorfeld zu erkennen, Präventivmaßnahmen anzuordnen oder den Therapieverlauf zu steuern.

Durch diese eingehende Pulsanalyse versuchte man, Aufschluss über Krankheitszustände und die individuelle Form der Erkrankung zu gewinnen. Ein erfahrener Arzt konnte damals zweifellos unterscheiden zwischen harmlosen Unregelmäßigkeiten im Herzschlag und bedenklichen, die darauf hindeuten, dass eine Erkrankung vorlag oder im Verzug war.

Erst in den 1890er-Jahren entwickelte der holländische Physiologe Willem Einthoven (1860–1927) ein Gerät – einen »neumodischen Apparat«, wie ein Historiker erklärte –, das grob zwischen pathologischen Zuständen des Herzens und normalen rhythmischen Abweichungen unterscheiden konnte: das Elektrokardiogramm, das letztlich zur Entstehung eines modernen medizinischen Fachbereichs beitrug, der Kardiologie.

Das EKG misst elektrische Spannungen, die von einer Zellgruppe im Herzen ausgehen. Während die Impulse die Herzvorhöfe und Ventrikel durchlaufen, gelangt ein schwaches Signal an die Oberfläche des Körpers. Elektroden (Metallkontakte) werden an Brust, Armen und Beinen angebracht. Sie zeichnen bei jedem Herzschlag Stärke und Rhythmus des elektrischen Impulses auf, wenn die Vorhöfe kontrahieren (P-Welle, Ruhephase), gefolgt von einer Aktivierung der Ventrikel (QRS-Welle oder im Einzelfall Wellen) und der Entspannungsphase (T-Welle). Ein Diagramm, in Einthovens Maschine auf einer sich bewegenden fotografischen Platte, später mit einem Schreiber auf Papier dargestellt, zeigt die normale Drei-Phasen-Aktivität mit Spitzen (die R-Welle am höchsten Punkt der Ventrikelkontraktion) in regelmäßigen Abständen zwischen den Herzschlägen an. Geringfügige und größere Unregelmäßigkeiten wirken sich auf Form, Höhe und Dauer der Wellen aus. Sie können auf eine verminderte Durchblutung, Bluthochdruck, Verdickung oder Ausdünnung der Ventrikelwände, beschädigte Herzklappen und andere Manifestationen einer Herzerkrankung hinweisen, die heute die meisten Menschenleben fordert.

Gentechnik

Auch wenn Messinstrumente wie das EKG auch in der Zukunft eine wichtige Rolle in Diagnostik und Überwachung des Herzens spielen werden, bewegen sich die Entdeckung, die Behandlung und Heilung von Krankheiten zunehmend in die Richtung der Gentechnik. Es wurden in den letzten Jahren sehr große Fortschritte gemacht, die ein besseres Verständnis brachten, welche Rolle die Genetik in Bezug auf die menschliche Gesundheit und auch auf Krankheiten spielt. Krankheiten beinhalten eine genetische Komponente, ob sie nun aus einer genetischen Disposition heraus entstehen oder das Resultat äußerlicher Faktoren wie Toxine und Viren sind.

Analysen im großen Maßstab und ein verbessertes Verständnis des genetischen Materials haben es Forschern möglich gemacht, Fehler auf der kleinsten Gen- oder Vererbungsebene zu erkennen und man nimmt an, dass diese Informationen eines Tages dazu beitragen, zahlreiche Krankheiten wirkungsvoll zu behandeln und vielleicht sogar zu verhindern. Ungeachtet der Erfolge, die zu verbesserten Behandlungsansätzen geführt oder sogar Leben gerettet haben, gibt es immer noch sehr viele Hindernisse, die zwischen der Entschlüsselung des genetischen Materials und einer erfolgreichen Behandlung überwunden werden müssen.

Inzwischen gibt es schon eine Reihe neuer Tests, und neue Messungsmethoden mit genomischen und proteonischen Verfahren in der Medizin sind auf dem Vormarsch, auch wenn viele dieser neuen Messinstrumente noch nicht voll zum Einsatz kommen, da die Ergebnisse mit unserem beschränkten Wissen über die Funktionen der einzelnen Gene noch sehr schwer zu deuten sind. Dennoch werden große Fortschritte gemacht. Zurzeit laufen Untersuchungen, um aufzuschlüsseln, wie einzelne Gene funktionieren. Sie tragen zu einem besseren Verständnis bei, auf welche Weise Gene die Entstehung von Krankheiten begünstigen.

In diesem Kontext entwickeln sich Medizin und medizinische Messung weg vom diagnostischen Ansatz, oder anders gesagt, verschiebt sich der Fokus von der Bestimmung von Krankheiten via äußerlicher Symptome zur Gentherapie. So werden Informationen über Gensequenzen, über die Struktur und Funktionsweise von Proteinen zur Entwicklung neuartiger Behandlungsmethoden verwendet. Zum Beispiel versuchen Forscher, mithilfe rechnergestützter Datenbanken die Strukturen kleiner molekularer Wirkstoffe zu vermessen und herauszufinden, ob ihre Formen zu den Rezeptoren lebender Zellen passen. Ultimatives Ziel ist die Vorhersage, ob ein Medi-

kament wirksam ist und/oder mögliche schädliche Nebenwirkungen hat. Dank dieses aus Messungen gewonnenen
Wissens könnte es eines Tages sichere und gleichzeitig effekti-
ve Arzneimittel geben und »Volkskrankheiten« könnten von
der Bildfläche verschwinden.

Darüber hinaus gibt es auch die Möglichkeit, die Gene selbst
zum Kampf gegen Krankheiten einzusetzen. Die sogenannte
Gentherapie, ein sich stark entwickelnder Bereich der Medizin, beinhaltet das Potenzial, defekte Gene durch »normale«
zu ersetzen, oder auch Krankheiten durch die Verbesserung
des Immunsystems entgegenzuwirken. Diese Entwicklungen
werden nicht nur in großem Maß beeinflussen, wie und was
wir in der Medizin messen, sie könnten auch ganz neue Chancen in der Prävention, Behandlung und Heilung von Krankheiten eröffnen.

Nicht alles ist messbar – oder doch?

Die Geheimnisse des Gehirns

*»Um Dinge außerhalb der physischen Welt ebenso rigoros und
präzise zu messen wie Quadratmeter, Geschwindigkeit, Schall oder
visuelle Parameter, benötigen wir Messinstrumente und Konzepte,
an denen es uns derzeit noch mangelt. Ob wir sie eines Tages
haben werden? Vielleicht – aber nicht in absehbarer Zeit.«*

Paul Schimmel,
Professor für Molekularbiologie und Chemie

Es begann mit Schädelmessungen. Zu Beginn des 19. Jahrhundert studierte der deutsche Arzt und Anatom Franz
Joseph Gall (1758–1828) eine Reihe menschlicher Schädel
und leitete daraus die topografisch ausgerichtete Theorie ab,
dass sich bestimmte mentale Eigenschaften und Zustände klar
abgegrenzten Hirnarealen zuordnen ließen. Seine Lehre von
der Phrenologie wurde von dem amerikanischen Arzt und
Anatom Samuel George Morton (1799–1851) weiterentwickelt. Dieser ging davon aus, dass kraniometrische Beziehungen zwischen Schädelgröße und Intelligenz bestünden, und
brachte sie mit Rassentheorien in Verbindung. In der Folgezeit machten Phrenologie und Kraniometrie mehrere Schlen-
ker, bevor sie 1883 in das von Charles Darwins Halbcousin,
Francis Galton (1822–1911), geschaffene, pseudowissen-
schaftliche Gebiet der Eugenik einflossen.
Galton ließ sich von Darwins 1859 veröffentlichtem Werk
Entstehung der Arten inspirieren, vor allem von dem Kapitel
»Variation unter Domestikation«. In den darauffolgenden

50 Jahren führte er physiologische Messungen aller Art mit fragwürdigen Ergebnissen durch, die die Möglichkeit boten, Variationen zwischen Genies, Kriminellen und Schwachsinnigen zu bestimmen. Galtons Schüler und unmittelbare Nachfolger in der Eugenik-Theorie, Karl Pearson (1857–1936) von der *University of London*, entwickelte biometrische Modelle für Populationsstudien, die u. a. befürworteten, minderwertige Rassen und »Degenerierte« mithilfe gesellschaftlich annehmbarer Mittel zu eliminieren.

Eugenik – auf der positiven Ebene, um die Erbanlagen zu verbessern, und mit dem negativen Aspekt, unerwünschte Merkmale auszumerzen – etablierte sich unter dem Deckmantel messbarer wissenschaftlicher Daten. Und dies nicht nur in Deutschland oder Europa. Von 1914 bis 1918 führten Eugenik-Organisationen in den USA auf Landwirtschaftsausstellungen *Better Baby*-Wettbewerbe durch, bei dem menschliches »Zuchtmaterial« wie die tierischen Entsprechungen prämiert wurde. Zusätzlich sprach man mit dem *Fitter Families for Future Firesides*-Programm die ganze Familie an. In beiden Fällen führten Ärzte Untersuchungen durch, die bestimmten Messgrößen Werte beimaßen und die Ermittlung eines Punktestands auf körperlicher, geistiger und moralischer Ebene ermöglichten. Die Gewinner erhielten einen Preis.

Im Mittelpunkt der amerikanischen Eugenik stand der vergleichende Zoologe Charles Davenport (1866–1944), der in Harvard studiert hatte und u. a. die *Aristogenic Association* und die *National Conference on Race Betterment* gründete. Er unterhielt enge Beziehungen zum *Eugenics Record Office* und zur *Station for Experimental Evolution*, beide mit Sitz in Cold Spring Harbor, New York. Zwischen der Eröffnung im Jahr 1910 und der Schließung 1940 sammelten die Feldforscher des *Eugenics Record Office* in verschiedenen Asylen biografische Daten über Menschen, die als »untauglich« galten. Tauglichkeit beinhaltete biologische und moralische Gesundheit, und so wurden die Untauglichen als degeneriert eingestuft, die nach Dafürhalten der Eugeniker von der Fortpflanzung abgehalten werden sollten, vor allem durch Sterilisationsgesetze. Sie schlugen außerdem vor, die Einwanderung von der Tauglichkeit abhängig zu machen.

1914 übernahm Davenports Protegé Harry Laughlin (1880–1943) die Aufgabe, Gesetze auf bundesstaatlicher Ebene zusammenzutragen, die eine Sterilisierung gestatteten oder zwingend vorschrieben. Daraus leitete Laughlin die nach seiner Meinung sozialverträglichsten Merkmale ab und schmiedete ein Modell, das auf »Schwachsinnige, Geisteskranke, Kriminelle, Epileptiker, Alkoholiker, Kranke, Blinde, Taube, Behinderte und Abhängige« (zu denen Waisen, Taugenichtse, Landstreicher, Obdachlose und Arme gehörten) angewendet werden konnte. Achtzehn US-Bundesstaaten führten Laughlins Modell ein, und infolgedessen wurden circa 60 000 Menschen einer Zwangssterilisation unterzogen. Ärzte und ihre Fachverbände unterstützten diese Beschneidung der Reproduktionsfreiheit als Fördermaßnahme für die »öffentliche Gesundheit«.

Der IQ-Test

Als die Sterilisationsgesetze auftauchten, war die Bedeutsamkeit der Theorie, dass zwischen Hirnschädelgröße und Intelligenz ein Zusammenhang bestünde, allerdings bereits im Schwinden begriffen und es entstanden neue Intelligenztest, um Schwachsinn zu definieren. In Frankreich entwickelte der Psychologe Alfred Binet (1856–1911) zwischen 1905 und 1911 die ersten Intelligenztests, die Schulkinder auf einer Hoch-Niedrig-Skala einordneten. Kurz nach seinem Tod fand der deutsche Psychologe William Stern (1871–1938) eine Methode, den »Intelligenzquotienten« oder IQ rechnerisch zu bestimmen. Sowohl Binet als auch Stern hielten solche Messungen für sinnvoll, um herauszufinden, ob Kinder schulischer Hilfen bedurften, um später für die Gesellschaft von Nutzen zu sein.

Auch hier nahmen US-amerikanische Eugeniker eine Vorreiterrolle ein: Sie verwendeten IQ-Tests, um festzulegen, wer sterilisiert werden oder von der Einwanderung ausgeschlossen werden sollte, wer aus rassischen Gründen isoliert oder in anderer Form diskriminiert werden sollte. Henry Herbert Goddard (1866–1957), »Forschungsleiter« an der Ausbildungsstätte für schwachsinnige Jungen und Mädchen in Vineland, New Jersey, und ein selbsternannter Experte auf dem Gebiet »Schwachsinn«, versicherte der Öffentlichkeit: »Wir wissen, was Schwachsinn ist, und sind zu der Schlussfolgerung gelangt, dass alle Personen als schwachsinnig gelten müssen, die unfähig sind, sich an ihre Umgebung anzupassen, gesellschaftlichen Konventionen gerecht zu werden oder vernunftgemäß zu handeln.« Obwohl Goddard kein glühender Verfechter der Sterilisation war, erfreute sich seine 1912 erschienene Studie über die »Kallikak Family« aus New Jersey großer Beliebtheit. Sie galt als Rechtfertigung für die Zwangssterilisation ganzer Familien mit angeborenem Schwachsinn, obwohl bei Goddards Stichproben mehr als achtzig Prozent der Probanden als schwachsinnig eingestuft wurden – der Anteil war so hoch, dass selbst ihm Zweifel kamen.

Nichtsdestotrotz behaupteten die Eugeniker weiterhin, mittels Intelligenztests valide wissenschaftliche Messungen zu erhalten, um die Untauglichen in verschiedenen Bereichen der öffentlichen Gesundheit zu ermitteln. All dies fasste der deutsche Arzt und Eugeniker Alfred Plötz (1860–1940) unter dem Begriff »Rassenhygiene« zusammen. Obwohl Adolf Hitlers Politik der Rassenhygiene Millionen Menschenleben forderte, stammte die Grundlage, auf der sie beruhte, von Wissenschaftlern aus den USA, Großbritannien und anderen europäischen Ländern.

Intelligenztests werden auch heute noch durchgeführt, trotz des Sammelsuriums von Berechnungen, der Wechselbeziehungen zu verschiedenen negativen Ergebnissen und der anrüchigen, mit sozialen Vorurteilen gespickten Geschichte. Einige Neurophysiologen glauben, dass bestimmte Verteilungen der grauen Substanz im Gehirn Aufschluss über die Intelligenz geben, obwohl sich die Intelligenz selbst jeder Definition widersetzt. Es ist zwar möglich, Gehirne zu vermessen, aber Intelligenz zu messen ist ebenso müßig, als wollte man Seelen oder die Position von Elektronen qualitativ bestimmen.

Infolge unseres Bestrebens, alles zu analysieren und zu quantifizieren, gehört der IQ-Test zu den am weitesten verbreiteten Methoden, kognitive Fähigkeiten zu messen. Obwohl es scheint, als würde Intelligenz auf breiter Basis ermittelt, lässt sich schwer bestimmen, was genau gemessen wird und was die Ergebnisse bedeuten oder nach sich ziehen könnten, vor allem, da wenig Übereinstimmung hinsichtlich der Definition von Intelligenz herrscht. Abstraktes Denken oder die Anpassungsfähigkeit an eine bestimmte Umwelt gehören offenbar dazu, obwohl für die Messung dieser beiden Eigenschaften völlig unterschiedliche Methoden erforderlich wären.

Die Messung der Intelligenz wird nicht zuletzt durch unsere Kenntnis vom Gehirn an sich begrenzt. Das Gehirn scheint wesentlich subtiler und komplexer zu sein, als standardisierte IQ-Tests es erfassen können. Die Testergebnisse eines Menschen können durch Umweltfaktoren positiv oder negativ beeinflusst werden. Schwierige ökonomische Situationen oder emotionale Zustände zum Beispiel haben oft eine negative Auswirkung.

Seit es Wissenschaftler gibt, die das Gehirn erforschen, wird zunehmend klar, dass geistige Fähigkeiten die unterschiedlichsten Prozesse beinhalten. Die Konkurrenz zwischen und die Integration von neuralen Verbindungen zu verstehen, kann für die Bestimmung des geistigen Potenzials eine größere Rolle spielen als die quantitative, statistische Bewertung der Stärke und Geschwindigkeit, mit der das Gehirn arbeitet.

Obwohl solche Fähigkeiten einen Aspekt der Intelligenz darstellen können, müsste eine umfassendere Definition gefunden werden, die Ergebnisse individueller Erfahrungen, Erinnerungen, Emotionen, genetisches Erbe und Inspiration stärker berücksichtigt.

Während die Wissenschaft die Geheimnisse des Gehirns und seiner Funktionen zu entschlüsseln versucht, sollte sich zur Messung der Intelligenz ein System mit entsprechend breiterem Spektrum zu eigen machen.

Schönheit, die im Auge des Betrachters liegt

»Die Schönheit der Dinge lebt in der Seele dessen, der sie betrachtet.«
David Hume

Seit Anbeginn der Geschichte haben die Menschen versucht, Schönheit zu definieren. Es scheint sich um ein Konzept zu handeln, das infolge der menschlichen Subjektivität und seiner zeitlich oder evolutionär bedingten Natur schwer fassbar und quantifizierbar ist. Schönheit ist nicht auf Objekte und die visuelle Wahrnehmung beschränkt, sondern kann sich allen Sinnesorganen einzeln oder in Kombination präsentieren. Infolgedessen kann eine Vielzahl von Faktoren wie Charaktermerkmale, Klang, Duft, Form, Farbe, Positionierung, Kultur und Erfahrung in die Bewertung eingehen. Trotz allem sind die Merkmale der Schönheit leichter messbar und weniger subjektiv als angenommen. Tests, die Hirnstromaktivitäten als Reaktion auf bestimmte Bilder maßen, die man dann einer Rangliste mit Schönheitskriterien zuzuordnen hatte, haben gezeigt, dass die Wahrnehmung von Schönheit zumindest teilweise auf eine angeborene »Festverdrahtung« im Gehirn zurückzuführen ist. Der Mensch fühlt sich offenbar von Natur aus zu mathematisch ausgewogenen, symmetrischen Kompositionen hingezogen. Trotz dieser recht neuen Erkenntnisse ist das Konzept alles andere als neu. Schon in frühester Zeit entdeckte man immer wieder eine besonders gefällige Harmonie und Ausgewogenheit in der Natur, die man zu quantifizieren versuchte. Diese Proportionen wurden im Lauf der Zeit mithilfe von Künstlern kopiert, die erkannten, dass bestimmte Kompositionen, genau wie in der Natur, visuell ansprechender waren. Die Maße, die aus der Beobachtung der Natur, Mathematik und Kunst abgeleitet wurden, werden *Goldener Schnitt* genannt. Dieser repräsentiert ein perfektes Gleichgewicht und wird oft durch den griechischen Buchstaben Phi (Φ) symbolisiert, eine Referenz, die man im 20. Jahrhundert dem griechischen Bildhauer Phidias (ca. 480–430 v. Chr.) erwies. Als einer der größten Bildhauer der Antike schien Phidias etwas von Schönheit zu verstehen. Beauftragt, eine Skulptur der Göttin Athene für die Akropolis in Athen anzufertigen, soll sein Werk von so erlesener Schönheit gewesen sein, dass man munkelte, er habe die Göttin in Natura zu Gesicht bekommen.

Der Goldene Schnitt definiert ein Streckenverhältnis, demzufolge sich die größere zur kleineren Strecke wie die Summe aus beiden zur größeren verhält. Anders ausgedrückt: a verhält sich zu b wie a+b zu a. Daraus leitet sich ein Zahlenwert von 13 zu ca. 8 oder 1,6180339887 ab. Der deutsche Astronom und Mathematiker Michael Mästlin (1550–1631), Professor an der Tübinger Universität und Wegbereiter der kopernikanischen Lehre, war der erste, der 1597 in einem Brief an seinen ehemaligen Studenten Johannes Kepler das Ergebnis der Gleichung mit ungefähr 1,6180340 angab, womit er ziemlich ins Schwarze traf, wie man heute weiß.

Von den Griechen bis zur Neuzeit

Das Konzept von Messwerten, die ein perfektes Gleichgewicht oder Schönheitsideal repräsentierten, hat seit der Zeit der alten Griechen viele kluge Köpfe von unterschiedlicher Weltanschauung beschäftigt, obwohl nicht bekannt ist, ob sie etwas anderes darin sahen als eine faszinierende abstrakte

Zahl, wie in der Geometrie häufig zu finden. Sicher ist, dass das Konzept über seine Anwendung als mathematisches Messinstrument hinaus Interesse weckte und auf seinen ästhetischen Wert abgeklopft wurde. In dieser Hinsicht erkannte schon die pythagoräische Schule die Verbindung zwischen der Gleichung und der vermeintlich stärkeren Anziehungskraft von Objekten und Strukturen, die sie beinhalteten. Auch nimmt man an, dass besagter Phidias den Goldenen Schnitt in seinen Werken häufig umsetzte und dass die imposantesten Bauwerke der klassischen griechischen Architektur wie die Akropolis und der Parthenon Dimensionen aufweisen, die dieses Streckenverhältnis widerzuspiegeln scheinen.

Seit dieser Zeit hat der Goldene Schnitt nichts von seiner Faszination eingebüßt. Im Lauf der Jahrhunderte offenbarte die Natur zahllose Beispiele dieser augenfälligen Wahrheit und man findet sie noch heute in der Architektur, Malerei, Literatur und Musik. Der Goldene Schnitt wurde aber erst während der Renaissance zu einer Proportionslehre zusammengefasst, als der Mathematiker und Maler Luca Pacioli (1445–1514) 1509 sein dreibändiges Werk *De Divina Proportione* schuf, fachkundig illustriert von seinem Freund, dem großen Künstler, Mathematiker, Wissenschaftler und Konstrukteur Leonardo da Vinci (1452–1519). Hierin wurden die Proportionen der Gleichung mathematisch erkundet. Erst einige Zeit nach der Veröffentlichung stellte sich heraus, dass in Wirklichkeit die Arbeit eines anderen Malers und Mathematikers der Renaissance, Piero della Francesca (um 1412–1492), Paciolis Theorie inspiriert hatte. Dennoch wurde das Buch zu einem handfesten mathematischen Referenzwerk für den Goldenen Schnitt, der hier in neuer Verpackung als »göttliche Formel« präsentiert wurde und andeutete, dass die Fähigkeit, Schönheit zu messen, die weltliche Terminologie überstieg und einen religiösen Beiklang besaß. Folglich erhielt die Gleichung einen ästhetischen Mehrwert; Maler, Architekten, Zeichner und andere Renaissance-Künstler integrierten diese Dimensionen in ihre Arbeit. Von der Natur und den Artefakten abgesehen, wurde auch die Schönheit des menschlichen Körpers wahrgenommen. Leonardo da Vinci legte in *De Divina Proportione* dar, dass der Goldene Schnitt im menschlichen Körper deutlich sichtbar war.

Durch die Geschichte hindurch wurde und wird menschliche Schönheit zumeist durch Vergleich mit den jeweils gängigen Standards gemessen. Obwohl sich die kulturellen Erfahrungen des Menschen beträchtlich unterscheiden können, scheint der Schönheitsmaßstab nicht entsprechend breit aufgefächert zu sein. Francis Galton, Darwins Halbcousin, Anthropologe und Pionier auf dem Gebiet der Eugenik, wandte auch als Erster die statistische Analyse an, um Unterschiede im äußeren Erscheinungsbild zu studieren, und stellte fest, dass sich die meisten Menschen eher von durchschnittlichen, unauffälligen Merkmalen angezogen fühlten. Ähnlich wie die Überlegungen, die zur Gauß'schen Methode der kleinsten Quadrate führten, scheinen Menschen die angeborene Neigung zu haben, Fehler auf ein Minimum zu reduzieren, was teilweise dazu führt, Schönheit in Mittelwerten zu messen. Dass wir Schönheit in der Symmetrie erkennen, könnte auf eine genetische Prädisposition hinweisen: Regelmäßige Gesichtszüge werden mit einem starken gesunden und unregelmäßige mit einem potenziell geschädigten Erbgut in Verbindung gebracht.

Es könnte sein, dass Schönheit messbarer ist, als wir glauben, da selbst Merkmale, die wir als innere Werte und als anziehend einstufen, auf der evolutionären Ebene vorteilhaft sind. Was uns zum Thema Liebe bringt.

Liebe und andere unermessliche Gefühle

»Die Dichtkunst ist angefüllt mit Aussagen wie ›unsere Liebe ist unermesslich‹. – Vielleicht ist das wahr. Aus streng wissenschaftlicher Sicht lässt sich die Gehirnaktivität jedoch messen und die Intensität der Liebe (vielleicht) in einen vergleichenden Zusammenhang bringen.«

Bengt Norden

Wie kann man Gefühle messen, die Liebe oder anderen Empfindungen zugrunde liegen? Zu diesem Zweck versucht die wissenschaftliche Forschung, verschiedene biochemische Komponenten des Gehirns und ihre Reaktionen bei der Verarbeitung von Emotionen zu untersuchen und zu messen. Die dabei gewonnenen Erkenntnisse über unsere Gedanken, Gefühle und ihre Funktionsweise werden nach und nach in einen messbaren Zusammenhang eingeordnet.

Einfache Tests, die sich auf die Messung der Blutstrom-Geschwindigkeit im Gewebe des Gehirns als Reaktion auf bestimmte emotionale Reize konzentrieren, haben gezeigt, dass die linke Hirnhemisphäre in erster Linie für die Aufschlüsselung der offensichtlichen Auswirkungen emotionaler Wechselbeziehungen zuständig ist; die rechte Hirnhälfte analysiert anhand von Rhythmus, Nachdruck und Modulation den Tenor einer mündlichen Botschaft, der Aufschluss über den emotionalen Zustand gibt, was man als »Prosodie« (Silbenmessungslehre) bezeichnet. Diese Entdeckungen scheinen darauf hinzudeuten, dass sich die Aktivitätsmuster des Gehirns je nach emotionalem Kontext und Inhalt der empfangenen Botschaft unterscheiden. Aktivierte Hirnzellen signalisieren einen erhöhten Glukose- und Sauerstoffbedarf, der via Blut geregelt wird; deshalb könnte sich die Aktivität bestimmter Hirnregionen rein theoretisch in einem erhöhten Blutfluss widerspiegeln, was mit der TCD (Transkranielle gepulste Dopplersonografie) festgestellt werden kann, einer nicht-invasiven Technik, die den Blutstrom zum Gehirn analysiert. Die Dopplertechnik wurde nach dem österreichischen Mathematiker und Physiker Christian Doppler (1803–1853) benannt, der sich wie Gauß weigerte, den Fußstapfen seines Vaters zu folgen und Steinmetz zu werden, Doppler jedoch wegen seiner schwachen körperlichen Konstitution. Er schlug eine akademische Laufbahn ein und veröffentlichte (wie ab S. 225 beschrieben) 1842 eine Abhandlung über den Dopplereffekt, der das Ausmaß der Veränderungen in der Frequenz und Wellenlänge von Wellen beschrieb, wenn sich Quelle und Beobachter relativ zueinander bewegen (sich nähern oder voneinander entfernen). Dieser Dopplereffekt wird nicht nur in der Astrophysik angewendet. Auch die TCD nutzt diesen Effekt, um hörbare Geräusche aufzuzeichnen, die mithilfe von Ultraschall die relative Geschwindigkeit und Richtung des Blutstroms anhand von Veränderungen in Tonhöhe und Frequenz messen.

Die Erforschung und möglicherweise Messung des Zusammenhangs zwischen Hirntätigkeit und emotionalem Input hat zahlreiche Auswirkungen: Sie fördert nicht nur das Verständnis der wahren Natur des Menschen, sondern auch Erkenntnisse über praktische physische Aspekte. Beispielsweise wurden im Zuge der Fähigkeit, die Arbeitsweise des Gehirns zu messen, eine Reihe von Verbindungen zwischen Körper und Geist entdeckt. Insbesondere wird nun untersucht, wie sich mentale und psychologische Faktoren auf den Gesundheitszustand auswirken. Diese Beobachtungen wiederum haben Analysen über die Funktionsweise geistiger und emotionaler Prozesse in Bezug auf den Körper und die physische Gesundheit gefördert. In einigen Studien wurde eine nachweislich erhöhte Aktivität in Hirnregionen festgestellt, die für die Steuerung und Handhabung bestimmter Empfindungen zuständig sind, wenn man die Probanden Reizen aussetzte, die mit bestimmten Krankheiten oder Beschwerden in Verbindung stehen; das hatte zur Folge, dass sich die entsprechenden Symptome verstärkten. Der Gedanke, dass Krankheit im Kopf ihren Ausgang nimmt, und die Fähigkeit, die emotionalen Auswirkungen zu messen, die Symptome erzeugen, könnte zu neuen effektiveren Behandlungsmethoden führen.

Liebe als Therapie

Eine dieser Behandlungen könnte das subjektive Erleben der Liebe beinhalten, das in verschiedenen Phasen eine Fülle messbarer Gesundheitsvorteile mit sich bringt, von der verbesserten Durchblutung bis zur Minderung chronischer Schmerzen. Wenn es jedoch darum geht, die Liebe selbst zu messen, empfiehlt es sich, behutsam vorzugehen und einen philosophischen Standpunkt einzunehmen. Liebe gilt in all ihren Spielarten als sakrosankte menschliche Empfindung. Berichten zufolge gewährleistet die Fähigkeit zu lieben die überlegene Stellung des Menschen innerhalb des Tierreichs, weil sie über den evolutionären Instinkt hinausgeht. Obwohl die Liebe selbst schwer zu definieren ist, hat sie viele individuelle, subjektive Parameter, ihre Entwicklung lässt sich messen und könnte mit der Evolution in Verbindung stehen. Wenn wir beispielsweise die romantische Liebe betrachten, so sind die Gefühle bei jedem, der sich in ihrem Bann befindet, mit zahlreichen scheinbar irrationalen, nachhaltigen Symptomen verknüpft; doch die Anziehungskraft, die jemand ausübt, lässt sich, nüchtern betrachtet, als eine Reihe chemischer Reaktionen messen, ausgelöst von Körper und Gehirn.

Der Körper produziert einen spezifischen chemischen Cocktail, nach einer Formel zusammengebraut, die vom Gehirn entschlüsselt wird. Das alte Sprichwort, dass Gegensätze sich anziehen, enthält offenbar ein Körnchen Wahrheit, da das Gehirn oft einem Partner mit einer Variation im Immunsystem den Vorzug gibt, der sich durch Ausschüttung dieser chemischen Substanzen unterbewusst ermitteln lässt. Dieser Reiz der Vielfalt scheint genetisch vorprogrammiert zu sein oder einer Blaupause zu folgen, die das Überleben der Art gewährleistet, denn bei Populationen mit größerer genetischer Variationsbreite ist die Gefahr geringer, dass alle Mitglieder durch eine bestimmte Krankheit ausgelöscht werden. Sobald ein potenziell geeigneter Kandidat für eine romantische Beziehung gefunden ist, wird Dopamin ausgeschüttet, ein Hormon und Neurotransmitter. Neurotransmitter enthalten eine Reihe chemischer Substanzen, die Nervenimpulse über eine Synapse weiterleiten und es den Nervenzellen damit ermöglichen, ihre Reaktionen aufeinander abzustimmen. Die Ausschüttung von Dopamin, die auch bei zahlreichen Tierarten erfolgt, stimuliert eine Abfolge von Reaktionen, die wir mit Symptomen der Liebe wie Hochstimmung, Energieschub oder beschleunigtem Herzschlag (Herzklopfen) in Verbindung bringen, der die Durchblutung bestimmter Bereiche wie Gesicht und Sexualorgane erhöht. Verliebt-Sein geht oft mit kalten klammen Händen, Flattern im Bauch und Schwindel einher. Das liegt daran, dass das Blut gezielt in bestimmte Regionen des Körpers geleitet wird, während sich in Bereichen wie Händen, Füßen und Bauch infolge der Unterversorgung die genannten Symptome bemerkbar machen.

Die Erfahrung der Liebe ist auch deshalb so angenehm, weil einige der ausgeschütteten chemischen Substanzen Empfindungen fördern, die allgemein mit Zufriedenheit und Glück assoziiert werden. Die Ausschüttung von Endorphinen zum Beispiel wird durch den Hypothalamus gesteuert, der die Produktion von Hormonen in der Hirnanhangdrüse reguliert. Endorphine gleichen einem Opiat, haben schmerzlindernde Wirkung auf das periphere und zentrale Nervensystem und schaffen ein Gefühl des Wohlbefindens.

Das Peptidhormon Oxytocin, das ebenfalls als Neurotransmitter fungiert, spielt höchstwahrscheinlich im menschlichen Prozess der Anerkennung und Bindung eine Rolle und wird beispielsweise bei einer Berührung oder Umarmung ausgeschüttet. Es wurde in großer Menge während des Geburtsvorgangs nachgewiesen und man untersucht derzeit, ob es auch bei der Entstehung von Gefühlen wie zwischenmenschlichem Vertrauen und Großzügigkeit eine Rolle spielt.

Studien, die mittels Magnetresonanztomografie die Hirnstromaktivität von Verliebten messen, haben gezeigt, dass die Aktivität in den für die Liebe zuständigen Hirnarealen stärker war als in den Bereichen, die für andere Emotionen maßgebend sind. Bei Frauen konzentrierte sich die Aktivität auf Regionen, die mit Belohnung, Lernen und Aufmerksamkeit in Zusammenhang stehen, während sich die erhöhte Aktivität bei Männern in den Bereichen niederschlug, die mit der Verarbeitung visueller Reize und dem Erregungszustand in Verbindung gebracht werden. Außerdem scheint es so zu sein, dass dabei die gleichen neuronalen Bahnen aktiviert werden, die bei Einnahme von Drogen bestimmte Hirnbereiche stimulieren. Die Redewendung vom Liebesrausch scheint nicht so weit hergeholt zu sein.

Die Macht des Bewusstseins

»Sich bewusst zu sein, dass man unwissend ist,
ist ein großer Schritt in Richtung Erkenntnis.«

Benjamin Disraeli

Während Forscher in die »Windungen« des Gehirns eintauchen und neue Erkenntnisse über die kognitiven wissenschaftlichen Disziplinen gewinnen, wächst auch das Verständnis des inneren Wissens. Die Fähigkeit, etwas in zunehmenden Einzelheiten zu messen, lüftet nach und nach den Schleier des Geheimnisses mit dem wir viele Eigenschaften umgeben haben, die in unseren Augen kostbar, für die menschliche Erfahrung einzigartig und als solche nicht quantitativ messbar sind. Die Messung von Emotionen und anderen Prozessen, die mentale Aktivitäten einbeziehen, hat sich bisher überwiegend auf physiologische Abläufe im Gehirn konzentriert, auf das »Wie«. Aber aufgrund der dabei erzielten Ergebnisse beginnt man sich immer stärker am »Warum« auszurichten. Die Fähigkeit, mentale Prozesse umfassender zu messen, führt unweigerlich zum Konzept des menschlichen Bewusstseins und damit für viele zu der Möglichkeit, zum ersten Mal das Leben zu messen.

Die Frage, was Bewusstsein ist, wird schon seit Langem erörtert. Wir Menschen haben das ausgeprägte Gefühl, einzigartig zu sein, das sich aus der Suche nach der eigenen Identität herleitet, der Frage »Wer bin ich?«. Diese Wahrnehmung der Einzigartigkeit und persönlichen Identität scheint mit dem Überleben zu tun zu haben. Vielleicht stellt die Entwicklung eine

Anpassungsleistung dar, die Lebewesen mit Bewusstsein von sich selbst einen Vorteil verschafft, denn dies ermöglicht geplante Reaktionen im Gegensatz zu reinen Instinkthandlungen – obwohl dieser Standpunkt umstritten ist.

Der englische Begriff für Bewusstsein, »consciousness«, leitet sich von dem lateinischen »conscientia« her und bedeutet wörtlich »Mitwissen« oder »Geteiltes Wissen«. Das Wort wurde zum ersten Mal von dem römischen Staatsmann Marcus Tullius Cicero (106–43 v. Chr.) in diesem Sinn benutzt. Dennoch hatte es einige Jahrhunderte lang in Texten eine moralische Nebenbedeutung. Erst als der englische Philosoph John Locke (1632–1704) sein einflussreiches Werk *Essay Concerning Human Understanding* (Versuch über den menschlichen Verstand) im Jahr 1690 veröffentlichte, erhielt der Begriff Bewusstsein einen zeitgemäßen Beiklang, in dem der freie Wille und die persönliche Identität mitschwangen. Locke erklärte in seiner Abhandlung, dass Wissen durch Erfahrung und Wahrnehmung erworben und mithilfe logischer Schlussfolgerungen bewertet und weiterentwickelt würde.

Die heutigen Verästelungen des Bewusstseinskonzepts umfassen viele Merkmale und Vorbedingungen. Obwohl nach wie vor umstritten, werden diese oft unterteilt in was wir »phänomenales« Bewusstsein nennen, und das sogenannte »zugängliche« (gedankliche) Bewusstsein. Das »phänomenale« Bewusstsein beinhaltet fortlaufende subjektive Erfahrungen, in denen das Selbst im Mittelpunkt steht. »Zugängliches« Bewustein dagegen bedeutet, dass Informationen bezüglich unserer Wahrnehmungen, die im Gehirn gespeichert und abrufbar sind, für Verhaltensmodifikationen, Deutungen, logische Schlussfolgerungen, verbale Äußerungen und andere Anwendungsformen abgerufen werden können.

Die Fähigkeit, Bewusstsein zu messen, wurde vermutlich am stärksten durch den Mangel an Einheitlichkeit in der Definition beeinträchtigt. Dennoch wurden eine Reihe psychologischer und empirischer Tests entwickelt, die das Verständnis der Elemente des Bewusstseins und damit eine Definition erleichtern. In statistischen Studien wurde nachgewiesen, dass bei Menschen, die einen Bewusstseinsverlust (Bewusstseinsminderung) infolge traumatischer Ereignisse erlitten hatten, Störungen in der Wahrnehmung oder der kognitiven Fähigkeiten und Prozesse eintraten. Bei ihnen wurden geringere Aktivitäten zwischen den einzelnen Hirnarealen gemessen, einschließlich des Hirnstammes, der sich im unteren Bereich des Gehirns befindet und mit dem Rückenmark in Verbindung steht. Auch der Thalamus war betroffen, der neben vielen anderen Funktionen dafür zuständig ist, Informationen vom zerebralen Kortex in eine »lesbare« Form zu übertragen, was eine wichtige Rolle spielt bei komplexen Hirnfunktionen, wie z. B. Gedächtnis, Denkprozesse, perzeptionelle Wahrnehmung und Sprache, die als Komponenten des Bewusstseins gelten.

Der Konsum von Drogen, der sich auf die Chemie des Gehirns auswirkt, verändert oder beeinträchtigt bekanntlich bestimmte Bewusstseinsaspekte. Damit verbundene Studien könnten dazu führen, dass sich die Komponenten des Bewusstseins und sein Verhalten irgendwann analysieren lassen. Offenbar beinhaltet Bewusstsein eine breitgefächerte interaktive Kommunikation zwischen den einzelnen Hirnfunktionen, die Informationen in verschiedenen, durch individuelle Erfahrungen geprägten Formaten speichern.

Es ist nicht nur schwierig, die Kausalfaktoren zu bestimmen, die Bewusstsein schaffen, sondern auch eine Grenze zu denjenigen zu ziehen, die Bewusstsein ausschließen. Bewusstsein wird im Allgemeinen dem Menschen zugeordnet, aber es ist nicht bekannt, ob es auch im Tierreich existiert. Derzeit laufen verschiedene Studien, um diese Frage zu klären. Eine dieser empirischen Untersuchungen, der sogenannte Spiegeltest, ist dabei von begrenzter Glaubwürdigkeit, da sich die Definition von Selbst-Bewusstein inzwischen weiterentwickelt hat. 1970 von Gordon Gallup als Nachweis des Selbst-Bewusstseins entwickelt, versucht der Test zu bestimmen, ob ein Tier, das man durch einen farbigen Punkt auf der Stirn gekennzeichnet hatte, sich selbst im Spiegel erkennen kann und den Punkt auf seiner Stirn berührt. Dieser Test wurde inzwischen bei mehreren Tieren mit positivem Ergebnis durchgeführt, wobei Lästerer behaupten, das sei lediglich eine Folge der kognitiven Fähigkeiten und kein Beweis für ein »phänomenales« Bewusstsein.

Ein Problem bei der Analyse bewussten Verhaltens ist die Schwierigkeit, zwischen angeborenem Reflex oder Instinktreaktion und bewusstem, reaktivem Handeln zu unterscheiden. Um dieses Problem abzuschwächen, entwickelten der englische Nobelpreisträger und Neurowissenschaftler Francis Crick (1916–2004) und der amerikanische Neurowissenschaftler Christof Koch (*1956) einen Verzögerungstest. Dabei soll, um das Ausmaß der Beteiligung des Bewusstseins an einer Aktivität eines Subjekts zu bestimmen, die Verzögerung zwischen Reiz und Reaktion, bei der das Kurzzeitgedächtnis eingeschaltet wird, als »neuronales Korrelat des Bewusstseins« gelten, also eine Vorbedingung für das Bewusstsein darstellen.

Ein ganz anderes Thema beschäftigte den englischen Mathematiker und Computerwissenschaftler Alan Turing (1912–1954). Er stellte in seiner 1950 erschienenen Abhandlung *Computing Machinery and Intelligence* den nach ihm benannten Turing-Test als Mittel zur Messung von künstlicher Intelligenz vor. Turing interessierte sich für die Frage, ob ein Computer denken kann und wenn ja, woran man das erkennt. Der Test versuchte nicht, Bewusstsein auf traditionelle Weise zu bestimmen, sondern wollte ergründen, ob Computer Antworten auf Fragen geben können, die sich von denen eines Menschen nicht im geringsten unterscheiden und somit Turings Definition von künstlicher Intelligenz entsprachen. Das Konzept der denkenden Rechner führte dazu, dass 1990 der mit 100 000 US-Dollar dotierte Loebner-Preis für den ersten Computer ins Leben gerufen wurde, der den Turing-Test besteht. Bisher ist das noch keinem gelungen und mit den einzigen Preisen, die inzwischen vergeben wurden, zeichnete man Computer aus, die dem Menschen besonders ähnlich sind.

Gedankenlesen

Informationen, die außerhalb des »phänomenalen« oder »zugänglichen« (denkenden) Bewusstseins verfügbar sind, befinden sich vermutlich auf der Ebene des Unterbewusstseins. Sicher ist, dass sich viele Vorgänge im Gehirn der »alltäglichen« Erkenntnis oder Wahrnehmung entziehen. Mit zunehmender Komplexität der Messverfahren tauchen unter den vielen Unbekannten, die nach und nach erforscht werden, immer mehr Beweise auf, dass das Unterbewusstsein wesentlich aktiver und autonomer ist als angenommen, und auf das bewusste Verhalten einwirken könnte. Bewusstsein und Unterbewusstsein scheinen in einen gemeinsamen Kontext eingebunden zu sein, obwohl die Beziehungen derzeit noch unklar sind. Kenntnisse, Erfahrungen und Entscheidungsfindungsprozesse sind innerhalb der neuronalen Bahnen vorprogrammiert. Dazu gehören auch verborgene Erinnerungen, die geweckt werden können. Manchmal dringen bestimmte Erinnerungen oder Erfahrungen durch eine unvorhergesehene Verknüpfung unerwartet an die Oberfläche auf die bewusste Ebene vor.

Die Messung der Hirnaktivitäten scheint darauf hinzudeuten, dass der präfrontale Kortex – der Teil des Gehirns, der mit der Koordination von Gedanken und Handlungen in Übereinstimmung mit inneren Zielen befasst ist – an der Wahrnehmung des Bewusstseins beteiligt ist, obwohl die genaue Lage der neuralen Bereiche und ihre Funktionsweise noch unbekannt sind. Bei Entschlüssen, die sich auf der unbewussten Ebene manifestieren, scheint der Kortex allerdings zuletzt informiert zu werden. Stattdessen scheinen Bereiche wie das ventrale Pallidum, eher für die natürliche Belohnungsfunktion als für die Koordination komplexer Gedanken zuständig, eine wichtige Rolle zu spielen. Ein besseres Verständnis unbewusster Aktivitäten könnte unsere Kenntnis und Definition des Bewusstseins verbessern und es scheint sich zur Zeit die Annahme zu bestätigen, dass Bewusstsein das Ergebnis evolutionärer Forschritte ist. Für diese These spricht auch, dass die subkortikalen Hirnregionen, die das ventrale Pallidum beinhalten und das Unterbewusstsein offenbar unterstützen, sich früh entwickelt haben, während die mit bewussten Aktivitäten gekoppelten Bereiche erheblich später entstanden sind.

Da wir immer tiefer in die Regionen des Gehirns vordringen und inzwischen in der Lage sind, dort elektrische und chemische Impulse zu messen, wächst unser Wissen, auf welche Weise und in welchem Ausmaß die Biologie Gedanken und Gefühle prägt. Vielleicht können wir diese in absehbarer Zukunft sogar direkt messen. Es gibt bereits hochauflösende Gehirn-Scanning-Techniken, die Aktivitätsmuster ermitteln. Man könnte sie benutzen, um Gedanken vorherzusagen, bevor sie unser Bewusstsein erreichen – was jedoch ethische Fragen aufwerfen würde, ob man diese »Gedankenlesetechniken« wirklich fördern sollte.

Bisher wurden sie nur eingesetzt, um bestimmte Verhaltensweisen im Zusammenhang mit Lügen und gewalttätigem

Verhalten vorherzusagen. Doch bevor solche Daten verlässlich sind, ist noch viel Arbeit erforderlich, um bestimmte Aspekte der Hirnregionen und des Bewusstseins zu entschlüsseln, vor allem die damit verbundenen individuellen Merkmale und Erfahrungen. Denn ohne die Messung dieser spezifischen Gedankenmuster, die ein gewisses Maß an Anspannung verraten, lassen sich weder Hoffnungen noch Emotionen klar erkennen und einer vorübergehenden Laune oder aufrichtigen Absicht zuordnen.

Die Seele – in etwa 21 Gramm

»Erde zu Erde, Asche zu Asche, Staub zu Staub, in der bestimmten und sicheren Hoffnung auf die Auferstehung zum Ewigen Leben.«
Agende der anglikanischen Kirche

Bevor wir zu dem weltbekannten Experiment kommen, in dem nachgewiesen wurde, dass die menschliche Seele mehr oder weniger 21 Gramm wiegt, müssen wir kurz auf den Begriff der Seele eingehen. Alle Kulturen, wenn nicht sogar alle Menschen früherer Zeiten, waren von der Existenz der Seele überzeugt. Bei den alten Griechen bedeutete »lebendig« sein, eine Seele zu besitzen. Darüber hinaus war die Seele eine Substanz, die sich in verschiedenen Zuständen präsentierte, ähnlich wie Wasser die Form von Dampf, Flüssigkeit oder Eis annehmen kann. Bezüglich des Zustands der Seele vor und nach dem irdischen Leben gab es philosophische Meinungsverschiedenheiten, doch Sokrates, Plato und Aristoteles gingen gleichsam davon aus, dass die Seele unsterblich und vom Körper trennbar war.

Ibn Sina (980–1037), ein persischer Arzt und Philosoph aus dem 11. Jahrhundert, im Westen als Avicenna bekannt, brachte mit seinem Gedankenexperiment vom »Schwebenden Mann« Licht in die Vorstellung, die Seele könne eine Substanz besitzen. Er stellte sich einen Menschen vor, der frei durch die Luft schwebte, ohne Sinneswahrnehmungen, aber bei Bewusstsein, wenn auch in einem traumähnlichen Zustand, was in seinen Augen bewies, dass der Wesenskern des Menschen von der physischen Existenz unabhängig war. Das bedeutete aber auch, dass Selbst-Bewusstsein durch eine Substanz oder ein Element des Seins bedingt ist.

Thomas von Aquin (1225–1275) griff Avicennas Gedanken auf, und damit übernahm Westeuropa die Philosophie von der Substanz der Seele, selbst wenn sie getrennt vom Körper existierte. Der Essentialismus ging davon aus, dass die Seele vor dem Körper existierte; der Existentialismus dagegen argumentierte, dass der Körper zuerst da war, aber beide akzeptierten (noch) die Realität der Seele.

Trotz Schismen und Zwistigkeiten unter den Glaubensgemeinschaften bewahrte die Religion die Vorstellung von der Seele bis ins 20. Jahrhundert hinein. Davon abgeleitet gelangte der amerikanische Arzt Duncan MacDougall (1866–1900) 1907 zu der Überzeugung, dass die Seele, wenn sie Substanz besaß, auch messbar sein musste. Um seine Hypothese zu überprüfen, führte er ein Experiment mit sechs Sterbenden durch, die auf einem speziellen, von ihm konstruierten Bett mit einer Schiebegewichtsskala ihre letzte Stunde verbrachten. Vier Patienten litten an einer unheilbaren Tuberkulose, einer hatte Diabetes im Endstadium, und die Todesursache des letzten war nicht bekannt. MacDougall zeichnete den Gewichtsverlust der Sterbenden – eine Unze pro Stunde als Folge der Verdunstung – akribisch auf. Bei zwei Patienten richtete er im Augenblick des Todes gerade die Gewichte aus, sodass er keine Messungen vornehmen konnte, aber bei den vier anderen trat ein umgehender Gewichtsverlust von einer Dreiviertelunze (ungefähr 21 Gramm) binnen weniger Sekunden nach dem Pulsverlust ein. Dieser Gewichtsverlust, erklärte er in dem Fachmagazin *American Medicine* (April 1907), könne keine Folge der Verdunstung sein, die sich mit einem Sechzehntel Unze pro Minute über den Tod hinaus fortsetze. Hätten sich Gedärme oder Blase entleert, wären sie auf dem Bett und das Gewicht folglich gleich geblieben. Er schloss auch die ausgeatmete Luft als Ursache aus. »Ist das die Substanz der Seele?« fragte er. »Was für eine Erklärung gäbe es sonst?« Er wiederholte das Experiment mit Hunden, die betäubt wurden, um sie ruhig zu halten. Im Augenblick des Todes bewegte sich die Schiebegewichtsskala nicht; der Gewichtsverlust durch Verdunstung war stetig und konstant. Diese Ergebnisse deckten sich mit der Vorstellung, die Seele sei der Wesenskern des Homo sapiens.

MacDougall war sich darüber im Klaren, dass es zahlreicher menschlicher Probanden bedurft hätte, um verschiedene mögliche Fehlerquellen auszuklammern. Aber er nahm an: »Eine Unze Materie mehr oder weniger hat größeres Gewicht, um die Realität einer fortgesetzten Existenz mit der nötigen Substanzbasis zu demonstrieren, als alle haarspalterischen Theorien der Theologen und Metaphysiker zusammen.«

MacDougalls Entdeckungen wurden in der New York Times veröffentlicht, die anlässlich seines Todes im Oktober 1920 einen Nachruf unter dem Titel »Er wog die menschliche Seele« verfasste. Seither diskutiert man über seine Messdaten und viele Ärzte taten ihn letztendlich als Quacksalber ab. Niemand scheint seinen Spuren gefolgt zu sein, und sollte ein Körnchen Wahrheit in dieser Geschichte stecken, wäre es die verblüffendste Messung aller Zeiten.

Einblicke in die Zukunft

Neue Grenzen entdecken

»Welch Schönheit. Ich sah Wolken und die Schatten, die sie auf die ferne, geliebte Erde warfen (…) Das Wasser wirkte wie dunkle, schwach leuchtende Tupfer (…) Am Horizont sah ich den abrupten Übergang von der hellen Erdoberfläche zum absolut schwarzen Himmel.«

Yuri Gagarin

Seit Anbeginn der Zeit hat der Mensch sich nicht nur mit der Erde beschäftigt, sondern seine Augen forschend gen Himmel gerichtet, und zu den ersten Karten gehörten Himmelskarten (siehe ab S. 47). Die Frage, was sich jenseits unseres Planeten befindet, hat nichts von ihrer Faszination eingebüßt, und viele Rätsel sind noch ungelöst. Seit immer neue Galaxien und Planeten entdeckt werden, ist unser Wissen um Weltraum und Universum exponentiell gewachsen, zwingt uns damit aber auch zur Überprüfung unserer Vorstellungen, welchen Platz wir im Universum einnehmen. Fast jeden Tag werden neue Erkenntnisse gewonnen, beispielsweise über einen neuen Planeten, der zu einem neuen Sonnensystem gehört, oder über eine bisher unbekannte Galaxie, die nachweislich vor dreizehn Millionen Jahren entstanden ist. Doch mit den Geheimnissen, die wir lüften, tauchen im gleichen Atemzug neue Herausforderungen auf.

Die Messmethoden im Weltraum haben unsere Grenzen nicht nur erweitert, sondern im Lauf der Zeit auch eine Datenflut erzeugt. Trotz dieser Wissensansammlung unterscheiden sich die Kernfragen kaum von denjenigen, die mit Sicherheit schon die Babylonier – und andere vor ihnen – beschäftigten, die zum ersten Mal in der Geschichte den Himmel systematisch erforschten. Sie konzentrieren sich auf die Frage, wie und warum sich die Erde und Leben in der uns bekannten Form entwickelt haben könnten und wohin der Evolutionsprozess führt. Eine der spannendsten Fragen, die durch die verbesserte Erforschung und Vermessung des Weltraums aktuell geworden ist, ist, ob es Leben auf anderen Planeten gibt. Selbst wenn wir kein Anzeichen von extraterrestrischen Lebensformen entdecken, ist der Gedanke faszinierend, bei der Suche nach Planeten ein Umfeld zu finden, das menschliches Leben ermöglichen würde. Dieser Gedanke hat mehrere Dimensionen, wenn man davon ausgeht, dass sich die natürlichen Ressourcen der Erde mit wachsender Geschwindigkeit dem Ende zuneigen und die biologischen und nuklearen Aktivitäten eine tödliche Bedrohung darstellen.

Obwohl diese Beweggründe den Wunsch nach einer Vermessung des Weltraums und der darin verborgenen Planeten angeregt haben könnten, ist der angeborene Forscherdrang vermutlich der gleiche, wie der, der die ersten Entdecker in unbekannte Gefilde trieb. Doch nicht nur das Interesse an einer kartografischen Darstellung des Universums hat zugenommen, sondern auch die Anzahl neuartiger Messinstrumente.

Wir beginnen erst zu verstehen, wie riesig das Universum sein könnte. Um seine Ausmaße zu ermitteln und zu begreifen, wurden und werden fortlaufend neue mathematische Messsysteme entwickelt, die neue Beobachtungen integrieren. Vor allem die Fähigkeit, Planeten außerhalb unseres Sonnensystems zu entdecken, hat zunächst einmal beträchtliche Innovationen erfordert, denn Planeten bilden im Vergleich zum Mutterstern außerordentlich schwache Lichtquellen. Das Licht eines Sterns überstrahlt den schwachen Schimmer eines

Planeten, der in dem Gleißen untergeht. Aus diesem Grund konnten nur wenige Planeten jenseits unseres Sonnensystems unmittelbar beobachtet werden. Um umfassendere Informationen über extrasolare Planeten zu erhalten, werden heute indirekte Beobachtungs- und Messmethoden benutzt, die bestimmte Vorteile, aber auch gewisse Grenzen haben.

Eine der ersten Methoden, Planeten zu entdecken, war die Astrometrie, die sich bemühte, die Position eines Sterns am Himmel und die Positionsveränderungen im Lauf der Zeit zu bestimmen. Ein Planet, der um einen Stern kreist, bewegt sich infolge der Schwerkraft des Sterns auf einer kleinen kreisförmigen oder elliptischen Bahn. Dann werden die Veränderungen gemessen, die durch den stellaren Positionswechsel entstehen. Da diese Veränderungen aus der Entfernung minimal erscheinen, erfordert eine erfolgreiche Anwendung dieses Verfahrens eine teleskopische Ausrüstung mit hoher Messgenauigkeit, wobei die erdbasierten Teleskope bisher noch nicht den technischen Anforderungen entsprechen. Viele der ersten, in den 1950er- und 1960er-Jahren aufgezeichneten Beobachtungen, die Wissenschaftler von der Existenz extrasolarer Planeten überzeugten, erwiesen sich später als fehlerhaft.

Das Weltraumteleskop

Die Entwicklung des Hubble-Weltraumteleskops in den 1980er-Jahren erschloss neue Potenziale für astrometrische Messmethoden. Weltraumteleskope waren keine gänzlich neue Erfindung; das Konzept wurde bereits 1923 von dem deutschen Wissenschaftler Herman Oberth (1894–1989) in seiner Publikation *Die Rakete zu den Planetenräumen* entwickelt. 1946 skizzierte der amerikanische Astrophysiker

Lyman Spitzer (1914–1997), nach dem das Spitzer-Weltraumteleskop benannt wurde, in seinem Papier *Astronomical advantages of an extraterrestrial observatory* die wichtigsten Vorteile der satellitengestützten gegenüber der erdgebundenen Beobachtung. Er erklärte, dass die orbitale Beobachtung die Möglichkeit einer verbesserten Winkelauflösung bot, was bedeutete, dass sich Objekte ohne atmosphärische Turbulenzen leichter voneinander unterscheiden ließen. Die orbitale Beobachtung macht es auch möglich, die von der Erdatmosphäre verschluckten Bereiche elektromagnetischer Strahlung, zum Beispiel Infrarot- oder Ultraviolett-Strahlung, zu sehen. Spitzer war ein glühender Verfechter dieses Konzepts, aber erst 1978, nach intensiven Lobby-Aktivitäten seitens der Astronomen, verabschiedete der amerikanische Kongress ein Votum, das die Bereitstellung von Mitteln für den Bau eines Teleskops ermöglichte.

Das Weltraumteleskop ist nach dem amerikanischen Astronomen Edwin Powell Hubble (1889–1953) benannt, der Anfang 1925 bekannt gab, dass er mit dem kurz zuvor gebauten Hooker-Teleskop, damals dem größten auf der Erde, die Entfernung zu einer neuen Spiralgalaxie gemessen hatte, *Andromeda-Galaxie* genannt. Diese Ankündigung veränderte das Bild, das man sich vom Universum gemacht hatte, denn vorher hatte man geglaubt, die *Milchstraßen-Galaxie*, in der sich die Erde befindet, umfasse den gesamten Kosmos.

Das Projekt, ein Gemeinschaftsprojekt zwischen NASA und der europäischen Raumfahrtbehörde ESA, umfasste die Konstruktions- und Montagearbeiten zahlreicher Einzelpersonen und wurde erst 1985 fertiggestellt. Obwohl der Start in den Weltraum für das folgende Jahr anberaumt war, wurde er nach der Challenger-Katastrophe (1986) verschoben. 1990 erreichte das Hubble-Weltraumteleskop endlich via Raumfähre seine Umlaufbahn in der oberen Atmosphäre, ungefähr

590 Kilometer über der Erde, doch die Bildqualität wurde durch eine Schadstelle im Spiegel beeinträchtigt. Das Hubble-Teleskop ist das einzige Instrument, das bisher im Weltraum von Menschenhand gewartet werden musste. Der Spiegel wurde 1993 repariert. Da es inzwischen mehrmals grundüberholt und modernisiert wurde, ist dieses Teleskop bis heute eines der wichtigsten und anpassungsfähigsten astronomischen Instrumente, das trotz extrem begrenzter Lichtverhältnisse präzise Bilder ermöglicht. Die von ihm übermittelten Beobachtungen haben zu vielen bahnbrechenden Fortschritten in der Astrophysik geführt und klar erkennbare Einzelheiten über weit entfernte Objekte im Weltraum aufgezeichnet. Zum Beispiel wurde es durch Messung der Entfernung zwischen den sogenannten *Cepheiden*, die zur Klasse der veränderlichen Sterne gehören, möglich, die Expansionsrate des Universums mit zunehmender Genauigkeit zu bestimmen. Die Messungen lassen die Schlussfolgerung zu, dass diese Ausdehnung schneller erfolgt als erwartet, eine Annahme, die später durch andere orbitale und erdgebundene Messungen bestätigt wurde.

Die Erforschung des Weltraums

Wie das Hubble-Weltraumteleskop könnten auch andere im Weltall stationierte Observatorien neuen astrometrischen Messungen Vorschub leisten, doch weitere Entdeckungen werden auf sich warten lassen, da die Technik in erster Linie auf die Beobachtung der großen orbitalen Bahnen ausgerichtet ist, die zu vollenden eine Weile dauert. Für sich allein bleibt diese planetarische Messung begrenzt, doch kann sie ergänzende Daten für andere Techniken liefern, vor allem solche, die kleinere Planetenbahnen anvisieren. Sind die genauen

Maße der Planetenbahnen bekannt, kann die Astronometrie dazu beitragen, die Masse eines Planeten zu bestimmen.

Die Hubble- und Spitzner-Weltraumteleskope waren – genau wie die Versuchsraketen – für die Dokumentation der orbitalen oder kosmischen Staubscheiben nützlich, die viele Sterne umgeben. Dieser Staub setzt sich aus winzigen Partikeln zusammen, in der Größe von wenigen Molekülen bis zu 0,1 mm. An den Stellen, wo sich Staub in der Atmosphäre befindet, lässt sich anhand des jeweiligen Lichttypus bestimmen, ob die Partikel kosmischen oder anderen Ursprungs sind. Ursprünglich war kosmischer Staub für die Wissenschaftler nur ein Ärgernis, da er die Beobachtung bestimmter Phänomene störte oder behinderte. Doch mit der Entwicklung der Infrarot-Technologie erhielt der kosmische Staub eine völlig neue Bedeutung. Er lieferte aufschlussreiche Hinweise auf Vorgänge, die im Weltraum stattfinden. Zum Beispiel sind die Staubscheiben vermutlich durch einen Zusammenprall zwischen Asteroiden und Kometen entstanden, lassen sich leicht ausmachen, da der Staub Licht von den Sternen absorbiert und als Infrarotstrahlung abgibt. Die Bewegung der Infrarotwellenlängen, die von Teleskopen entdeckt wurden, liefern Informationen über Himmelskörper, die ihre Bahn um den Mutterstern ziehen. Das Vorhandensein von kosmischem Staub und die Messung seiner Wege und Muster erleichtern außerdem die Bestimmung, wann ein Stern erlischt oder entstanden ist. Außerdem kann er ein Indikator für die Geburt eines Planeten sein.

Der Dopplereffekt

Eine weitere gängige Technik ist die Doppler-Effekt-Spektometrie oder »Wobble-Effekt-Methode« (Tänzel-oder Wackeleffekt), auch Radialgeschwindigkeitsmethode genannt, die bis heute erfolgreichste Technik der »Planetenjäger«. Diese Methode stellt ein indirektes Mittel der Planetenentdeckung dar. Dass man einen Planeten geortet hat, lässt sich anhand der Wirkung auf den Stern ablesen, der ihn umkreist. Die Technologie beruht auf der Beobachtung, dass ein Stern durch die gravitative Einwirkung seines planetaren Begleiters tänzelnde Bewegungen auf seiner Bahn macht. Die Mehrzahl der bis heute entdeckten Planeten konnte mithilfe dieser Methode aufgespürt werden. Sie basiert auf der Arbeit des österreichischen Physikers Christian Doppler (1803–1853), der feststellte, dass sich die Frequenz von Schallwellen erhöht, wenn sich Beobachter und Quelle nähern, und sich verringert, sobald sie sich voneinander entfernen. Die wahrgenommene Frequenzänderung wird als Dopplereffekt bezeichnet. Dieser tritt auch bei Lichtquellen auf. Wenn man das Licht in die Spektralfarben aufspaltet, aus denen es sich zusammensetzt, repräsentiert Rot das Licht mit niedriger und Blau das Licht mit höherer Frequenz. Durch die Messung der Lichtwellen-veränderungen, die eintreten, wenn sich der Stern der Erde nähert oder sich von ihr entfernt, lässt sich ermitteln, ob er von einem Planeten umkreist wird. Wenn man feststellt, dass die Spektrallicht-Linien in Richtung des blauen und roten Spektrums hin- und herschwanken, trotz Berücksichtigung der Erdbewegung, könnte diese Bewegung von einem Planeten verursacht werden. Oft ist dieser nachweisbare Wackeleffekt unvorstellbar gering, zu vergleichen mit weniger als dem milliardsten Teil eines menschlichen Haars, und erfordert extrem genaue Messinstrumente.

Da diese Messtechnik auf eine hohe Signalausbeute im Verhältnis zum Lärmpegel angewiesen ist, wird sie vor allem benutzt, um Sternenbahnen in Erdnähe genauer zu bestimmen. Sterne in einer Entfernung von mehr als 160 Lichtjahren sind mit dieser Methode schwerer zu entdecken. Sie ist auch eher geeignet, um größere Planeten auszumachen, die Sterne in unmittelbarer Nähe umkreisen, als solche mit weiter gestreckter Bahn. Planeten zu beobachten, die sich senkrecht zur Sichtlinie der Erde bewegen, hat sich ebenfalls als schwierig erwiesen, da sie einen geringeren Wobble-Effekt haben und die Datensammlung Jahre beanspruchen kann. Ein weiterer Nachteil besteht darin, dass man die Planetenmasse nicht ausschließlich mit dieser Methode ermitteln kann und auf Schätzwerte angewiesen ist, da sich damit nur Sterne, die sich zur Erde hin- oder von ihr wegbewegen und nicht die vollen, vom Planeten ausgelösten Bewegungen erfassen lassen.

Transitmethode und Microlensing

In Kombination mit anderen Messtechniken zur Entdeckung von Planeten sind jedoch genauere Schätzungen möglich. Die sogenannte *fotometrische Transitmethode* versucht den Radius eines Planeten durch Messung der Leuchtkraftintensität des Muttersterns zu bestimmen. Von Transit oder Durchgang spricht man, wenn ein kleinerer Himmelskörper vor einem größeren vorbeizieht (z. B. Cooks Messungen des Venus-Transits). Im umgekehrten Fall, wenn das vorbeiziehende Objekt größer ist, handelt es sich um eine Okkultation, auch Bedeckung oder Verfinsterung genannt. Eine Eklipse ist ein Sonderfall der Okkultation, der eintritt, wenn zwei Himmelskörper von annähernd gleicher Größe aneinander vorbeiziehen. Die Leuchtkraft der meisten Sterne schwankt kaum. Wenn ein Planet also an der Vorderseite seines Muttersterns vorbeizieht, lässt sich dies an den sichtbaren Helligkeitsschwankungen erkennen. Das Ausmaß, in dem die Leuchtkraft abnimmt, hängt von der Größe des Sterns im Verhältnis zur Größe des Planeten ab. Die Minderung der Helligkeit und die Zeit, die ein

Stern braucht, um seine frühere Leuchtkraft zurückzugewinnen, lassen sich messen. Dieses Phänomen wird als *Lichtkurve* eines bedeckungsveränderlichen Sterns bezeichnet. Die Technik ist vielversprechend, da man mit ihrer Hilfe auch kleinere Himmelskörper orten kann, wenngleich ihr Radius derzeit noch begrenzt ist, da sich nur solche Bahnen genau messen lassen, die sich in vorgerückter Position zum Blickwinkel des Beobachters befinden. Das bedeutet, dass ein Himmelskörper in direkter Sichtlinie der Erde an seinem Stern vorbeiziehen muss, was bestenfalls bei 10% der Planeten mit kleinerer Bahn der Fall ist; bei Planeten mit größerer Umlaufbahn dürfte der Prozentsatz noch geringer sein.

Für sich genommen führt diese Methode zu falschen Entdeckungen und muss durch andere Techniken gestützt werden, beispielsweise durch die Dopplereffektmethode. Man geht jedoch davon aus, dass die fotometrische Transitmethode kontinuierlich verbessert wird, und sie hat den Vorteil, dass sich damit die Größe eines Planeten anhand der Lichtkurve ermitteln lässt, die er beim Durchgang beschreibt. Wird diese Information mit Daten aus anderen Verfahren zur Messung der Masse gekoppelt, lässt sich viel über die Dichte eines Planeten aussagen.

Die mithilfe der Transitmethode gewonnenen Informationen könnten außerdem verwendet werden, um Aufschluss über die Zusammensetzung der Atmosphäre eines Planeten zu gewinnen: Das Licht des Muttersterns, das beim Transit die obere Atmosphäre des Planeten durchdringt oder von ihr reflektiert wird, ermöglicht es, nach genauer Analyse des stellaren Spektrums oder einer Messung der Polarisierung des Sternenlichts, die atmosphärischen Bestandteile zu entdecken. Wenn der Planet hinter dem Mutterstern vorbeizieht, liefert die Eklipse des Planeten durch Isolierung und Messung der von ihm ausgehenden Strahlung wichtige Informationen über seine Temperatur. Diese Messverfahren sind von besonderem Wert, wenn man zu ergründen versucht, ob auf einem Planeten Leben in der uns bekannten Form möglich wäre.

Auch wenn die Pulsar-Timing-Technologie ursprünglich nicht zur Beobachtung von Planeten entwickelt wurde, bietet sie die Möglichkeit, kleinere Planeten ausfindig zu machen. Sie beruht auf der Messung von Abweichungen in den Radiowellen rotierender Pulsare – das sind Neutronensterne, ultradichte Überreste der licht- und strahlungsintensiven stellaren Explosionen, auch Supernova genannt –, deren Strahlung normalerweise gleichmäßig erfolgt. Anhand der Abweichungen lassen sich die Pulsarbewegungen ermitteln. Die relative Seltenheit der Pulsare verringert die Möglichkeiten, neue Planeten zu entdecken, die diese umkreisen. Die hohe Strahlung, der Planeten ausgesetzt sind, die Pulsare umkreisen, würde außerdem die Existenz uns bekannter Lebensformen von vornherein ausschließen.

Von Microlensing spricht man, wenn ein Himmelskörper mit ausreichender Masse, z. B. ein Planet, ein Stern mit geringer Masse oder ein anderes Objekt, zwischen Erde und einem Hintergrund- oder Quellenstern vorbeizieht. Die Lichtintensität des Hintergrundsterns wird durch die gravitative Einwirkung des Objekts im Vordergrund wie bei einer Linse verstärkt. Dieser Effekt, auch gravitationales Microlensing genannt, wurde erstmals von Einstein vorausgesagt, der herausfand, dass Licht nicht immer eine gerade Linie beschreibt, sondern in der Nähe eines großen Objekts die Richtung wechselt. Die Dauer des Transits trägt zur Bestimmung der Entfernung der Bahn des Planeten oder einer anderen Masse bei. Planeten mit dieser Methode zu entdecken ist schwierig, weil sich die genau aufeinander ausgerichtete Positionierung der beiden Himmelskörper nur selten beobachten lässt und wenn doch, sich nicht wiederholt. Um möglichst viele Informationen zu gewinnen, hat man deshalb hochleistungsfähige Teleskope rund um die Welt aufgestellt, die vernetzt sind und weit entfernte Sterne nahezu ununterbrochen überwachen. Diese Methode gehört zu den einzigen, mit denen sich Planeten in Erdgröße entdecken lassen, und sie hat sich bereits bewährt. Die Entfernung der Planeten, ihr schwacher Schimmer, der vom Milliarden Mal stärkeren Sternenlicht überdeckt wird, und die Grenzen der heutigen Messtechnologie haben zur Folge, dass eine direkte Beobachtung von Planeten außerhalb unseres Sonnensystems selten möglich ist. Teleskope mit neuen Kapazitäten ebnen jedoch direkten bildlichen Darstellungen den Weg, und es wurden bereits mehrere Objekte gesichtet, die Planeten sein könnten. Große, noch junge Planeten, die sich in einigem Abstand von ihrem Mutterstern befinden und sich durch eine starke Infrarotstrahlung auszeichnen, sind die besten Kandidaten für eine Entdeckung. Inzwischen laufen mehrere Teleskop-Projekte, die bessere, direkte Bildaufzeichnungen ermöglichen und die derzeit bekannten Parameter erweitern sollen.

Einer der spannendsten Wege zur künftigen Vermessung des Universums ist die direkte Exploration im Weltraum. Dadurch wird so mancher Beobachtungsfehler korrigiert und die Messgenauigkeit verbessert. Die Fähigkeit, den Weltraum mit eigenen Augen zu sehen, könnte neue Bezugsgrößen und Erkenntnisse hervorbringen, genau wie im 19. Jahrhundert, als Moleküle und andere wissenschaftliche Phänomene sichtbar gemacht werden konnten. Mit diesen Messtechnologien lassen sich nicht nur Planeten und andere Objekte im Weltraum entdecken, sondern vielleicht weitere Gravitationsrätsel lösen, die sich auf unser Verständnis des Universums beziehen. Der Weltraum wird auch weiterhin zu den faszinierendsten Messbereichen gehören und eine Herausforderung für die Kreativität und Kapazität technologischer Errungenschaften bleiben.

Das Konzept der Raumzeit

»Es gibt keinen Unterschied zwischen der Zeit und den
drei Dimensionen des Raums, abgesehen davon, dass unser
Bewusstsein sich daran entlang bewegt. Leider haben einige törichte
Menschen die falsche Seite dieser Idee in die Hände bekommen.«

H. G. Wells

Alle Messungen sind relativ, das heißt, sie beinhalten Beziehungen zwischen einem bestimmten Punkt und einem Bezugspunkt. Gewichte beinhalten die Beziehung zwischen Masse und Schwerkraft. Ohne die Beschleunigung der Schwerkraft wird die Masse gewichtslos, eindimensional. Zeit hat zwei Dimensionen – Vergangenheit und Zukunft – mit einem gedachten Moment dazwischen, Gegenwart genannt, als Referenzpunkt. Raum ist dreidimensional – Länge, Breite und Tiefe –, wobei eine Dimension als Bezugsgröße für die beiden anderen gilt. Zum größten Teil nehmen die menschlichen Sinnesorgane diese Maße in lokal begrenzten Situationen wahr. Werden die Referenzpunkte aber undeutlich, versagt die Wahrnehmung. Zum Beispiel merken wir in der Regel nicht, dass wir uns mit der täglichen Erdrotation in einer Geschwindigkeit von mehr als 1600 Kilometer pro Stunde (am Äquator) bewegen, und mit mehr als 107 000 Kilometer pro Stunde (in einem Orbit von 940 Millionen Kilometer) um die Sonne kreisen. Die Bewegung der Sonne in der Milchstraße und die Bewegung der Milchstraße im Universum entziehen sich gleichermaßen unserer Wahrnehmung. Noch unvorstellbarer ist der Gedanke, dass Raum und

Zeit unendlich sind. Wenn beide keinen Anfang und kein Ende haben, wäre die Kosmologie unmöglich, denn das Universum besäße weder Form noch Organisation oder Evolution. Gleich ob in einer sogenannten primitiven oder in einer hochentwickelten Gesellschaft, die menschliche Psychologie hat die Kosmologie gebraucht, um das Selbstbewusstsein zu rechtfertigen.

Als Menschen definieren wir Selbstbewusstsein, indem wir uns selbst in Relation zum Hintergrund und zeitlichen Rahmen unseres Umfeld und der uns umgebenden Grenzen messen. Der Mensch hat Schwierigkeiten damit, die Idee der Unendlichkeit zu verstehen – die Idee, dass im Universum nichts einen Anfang und ein Ende hat. Ohne die Begrenzung durch Zeit und Raum würde es keinerlei Ordnung geben. Folglich stellt die Raumzeit diesen notwendigen Rahmen dar, innerhalb dessen Gestalt und Wandel möglich werden. Wir Menschen können ein solches Konzept verstehen, weil uns dies ermöglicht zu erkennen, wo unser Platz ist. So können wir Wissen über uns selbst erlangen, über unseren Platz im Universum und auf unserem Planeten und über unsere Evolutionsgeschichte. Seit Anbeginn der Geschichte haben sich Menschen deshalb auf eine Kosmologie der Raumzeit verlassen, die wir Gott nennen.

Das Maß, das die Kosmologie, das Studium der Struktur des Universums, im Zeitalter der Wissenschaft am besten beschreibt, ist das Konzept der Raumzeit, da es bestrebt ist, vor dem Hintergrund der Raumzeit die Grenzen des Universums zu vermessen. Es schließt eine Raumzeit ein, die eine Kombination aus Raum und Zeit darstellt und auch eine namenlose Schwerkraft beinhaltet, sofern anwendbar. Dieses Konzept umfasst alles, was im Universum existiert, zu jeder Zeit und an jedem Ort. Damit ist das Problem der Unendlichkeit gelöst.

Obwohl sich der Begriff Raumzeit aus der Physik des frühen 20. Jahrhunderts herleitet, zeigt die Herkunft der beiden Wörter Raum und Zeit, dass damit eine lange Geschichte verbunden ist. In der lateinischen, altfranzösischen und englischen Sprache des 14. Jahrhunderts war Raum = *space* ein Intervall oder eine Verzögerungsperiode. (Synonyme waren *meanspace* = Zwischenraum, *meantime* = Zwischenzeit, oder *meanwhile* = mittlerweile.) Gegen Ende des 14. Jahrhunderts wurde es üblich, Raum als lineare Entfernung zu definieren. Die Verwendung des Begriffs Raum als stellare Tiefe wurzelte in der Astronomie der Renaissance. Zeit stammt aus dem Altnordischen und bezeichnete im 10. Jahrhundert einen Zwischenraum von begrenzter Dauer.

Dass Raum, Zeit und Gravitation schließlich zu einem sinnvollen wissenschaftlichen Konzept zusammengefasst wurden, überrascht nicht. Die aus dem 4. Jahrhundert stammende christliche Vorstellung von der Dreifaltigkeit – drei Dimensionen in einer – bewies bereits, wie nützlich eine nicht nachweisbare Messgröße sein konnte. Die Relativitätstheorie in der Physik erklärt beispielsweise die Dynamik des »Vaters« (Raum), des »Sohnes« (Zeit) und des »Heiligen Geistes« (Schwerkraft).

Relativitätstheorien

H.G. Wells (1866–1946) schrieb in seinem Roman *Die Zeitmaschine,* es gäbe keinen Unterschied zwischen der Zeit und den drei Dimensionen des Raums. Damit entzündete er die Fantasie der Leser, in die Zukunft zu reisen. Ein Jahrzehnt später führte Albert Einstein (1879–1955) mit seiner Abhandlung *Zur Elektrodynamik bewegter Körper* eine feststehende Referenzgröße für die Raumzeit ein – die Konstante c repräsentiert die Lichtgeschwindigkeit. Diese Referenzgröße dient als Maß für Zeit, Raum und Masse. Jedem Ereignis konnten somit eine eindeutige Zeit und ein eindeutiger Raum relativ zur Lichtgeschwindigkeit zugeordnet werden.

Einsteins Lehrer, der Mathematiker Hermann Minkowski (1864–1909), erkannte, dass die Spezielle Relativitätstheorie verständlicher wurde, wenn Zeit und Raum zu einer »unabhängigen Realität«, der sogenannten Raumzeit zusammengefasst wurden. Unter Hinzufügung der Schwerkraft wurde aus Einsteins Spezieller Relativitätstheorie die Allgemeine Relativitätstheorie. Durch die Feststellung, dass Raumzeit dynamisch ist, durch die in ihr enthaltene Masse verzerrt wird und ihrerseits beeinflusst, wie sich Materie bewegt, gelang es Einstein, Relativität und Gravitation in seiner Allgemeinen Relativitätstheorie zusammenzuführen. Dies machte ganz neue Konzepte in Bezug auf das Universum möglich, zum Beispiel die Idee des gekrümmten Raums.

Das Konzept der Raumzeit bietet die nicht-intuitiven Möglichkeiten, dass sich Zeit beschleunigt oder verlangsamt, oder dass sich Entfernungen vergrößern oder verkleinern, gemessen an der Lichtgeschwindigkeit. Diese Merkmale sind sowohl in der Beobachtung von subatomaren Teilchen als auch von »Superatom-Partikeln« im Universum vorstellbar. Doch die Frage, ob es wirklich eine Raumzeit gibt, gleicht einer anderen Frage sehr: Gibt es Gott wirklich? Die Antwort ist vom Glauben des Menschen abhängig, gleich ob an c oder an: »Es werde Licht«.

Ein dunkles Geheimnis

*»Da Nebelcluster die größten bekannten Ansammlungen von
Materie sind, bildet das Studium ihres mechanischen Verhaltens
den letzten Trittstein, bevor wir uns an die Erforschung des
Universums im Gesamten machen können.«*

Fritz Zwicky

Trotz der zahlreichen Entdeckungen in jüngster Zeit, die
mithilfe verbesserter Messverfahren ermöglicht wurden,
ist das, was sich bisher als messbar dargestellt hat, nur ein
Bruchteil dessen, was jenseits unseres Planeten Erde existiert.
Das meiste, was sich in unserem Universum außerhalb des
beobachtbaren Gebiets befindet, wird als »dunkle Materie«
bezeichnet – eine nicht näher beschriebene Struktur mit zu
geringer elektromagnetischer Strahlung, um im Rahmen
der derzeit vorhandenen technologischen Kapazitäten visuell
wahrgenommen zu werden. Sie macht gemeinsam mit der
»dunklen Energie« 96 Prozent der Masse und Energie des
Universums aus.
Der Schweizer Astrophysiker Fritz Zwicky (1898–1974), zu
der Zeit am *California Institute of Technology* tätig, fand 1933
als Erster Indizien für die Existenz einer unbekannten und
unsichtbaren Masse. In den nächsten vierzig Jahren wurden
keine weiteren Belege entdeckt, die seine Theorie bestätigt
hätten. Erst Ende der 1960er- und 1970er-Jahre präsentierte
die Astronomin Vera Rubin (*1928) vom *Carnegie Institute* in
Washington Erkenntnisse, zu denen sie mit einem neuen
Messinstrument gelangt war, einem hochempfindlichen
Spektrografen, der eine genauere Bestimmung der Geschwin-

digkeitskurve von Spiralgalaxien mit hoher Schräglage (Edge-on-Galaxie) ermöglichte. Die Daten führten zu der Schlussfolgerung, dass die meisten Sterne in Spiralgalaxien ihre Bahn mit der gleichen Geschwindigkeit zogen. Die davon abgeleitete Hypothese, dass die Massendichte dieser Sterne übereinstimmte, über die galaktische Ausbuchtung oder dichte Anhäufung der meisten Sterne hinaus, war eine Herausforderung für Newtons Konzept der Schwerkraft als universale Größe oder deutete darauf hin, dass sich ein Großteil der galaktischen Masse in einem dunklen Areal befand. Dieses neue Verfahren, Spiralgalaxien zu vermessen, trug zusammen mit früheren Beobachtungen von Galaxien-Clustern dazu bei, dem Konzept der dunklen Materie Akzeptanz zu verschaffen. Dunkle Materie stellte man sich anfangs als zusätzliche Gravitationsgröße vor, die erklärte, warum sich schnell drehende Galaxien nicht zersplitterten. Da dunkle Materie weder Licht absorbiert noch ausstrahlt, gilt sie als unsichtbar. Aber sie scheint aus neuartigen Partikeln zu bestehen, die sich nicht mittels Teilchenbeschleunigern oder Beobachtung der kosmischen Strahlung messen lassen. Obwohl diese geheimnisvolle Materie viel Raum für Spekulationen lässt, scheint sie indirekt zu entdecken zu sein, auf der Schwerkraftebene durch Berechnung der Sternenrotation in den Galaxien und der Bewegung der Galaxien in den Galaxien-Clustern. Wissenschaftler schätzen, dass die dunkle Materie den Großteil der Masse des Universums ausmacht, und dass sie etwa vier- bis fünfmal so viel zur Gesamtmasse beiträgt wie die gewöhnliche Materie, wobei die Meinungen über den Prozentsatz auseinandergehen. Aktuelle Berechnungen, Ergebnis der Beobachtungen eines Galaxien-Clusters namens *Abell 3112*, könnten darauf hinweisen, dass das Universum weniger wiegt als angenommen, oder dass die dunkle Materie nicht gleichmäßig verteilt ist. Um diese Hypothesen zu überprüfen, benötigt man gründliche Analysen, basierend auf künftigen Raumfahrt-Projekten. Bis dahin wird die seit Jahren andauernde Debatte um die Zusammensetzung dieser Materie fortgesetzt werden und diese Fragen auch weiterhin die Teilchenphysik und moderne Kosmologie beschäftigen.

Schöpfer des Universums?

Die meisten Forscher machen die dunkle Materie auch für die Ausdehnung des Universums verantwortlich, da sie nach dieser Theorie der Schwerkraft entgegenwirkt und das All aufbläht. Schon in den 1920er-Jahren konnte Hubble beweisen, dass sich das Universum ausdehnt. Inzwischen gibt es auch Belege dafür, dass die Beschleunigungsrate dieser Ausdehnung zunimmt. Die derzeitige Theorie kann diese Beobachtungen nicht ausreichend erklären, deshalb nimmt man an, dass es eine dunkle Energie gibt, die 70 Prozent der Gesamtenergie ausmacht, aufgrund unserer begrenzten Möglichkeiten aber noch nicht nachweisbar ist. Diese dunkle Energie soll für die beschleunigte Ausdehnung des Universums verantwortlich sein. Daraus könnte man ableiten, dass in einigen Milliarden Jahren die dunkle Energie übermächtig sein und das Universum, Planeten und Atome zerreißen wird – womit das Ende der Zeit gekommen wäre.

Wissenschaftliche Theorien könnten darauf hinweisen, dass die dunkle Materie der »Schöpfer« des Universums ist. Wenn dem so ist, könnte der Schöpfer das Universum auch zerstören, wenn alles, Masse und Energie, in seinen Urzustand, die dunkle Materie, zurückkehrt. Mit diesem Ansatz soll nicht der Gegensatz zwischen wissenschaftlichen und religiösen Überzeugungen, sondern gerade die Ähnlichkeiten betont werden.

Die Stringtheorie

»Eine der tiefgründigsten Fragen der Physik lautet, warum verschiedene messbare Mengen – die Masse der Elementarteilchen, die Stärke der Fundamentalkräfte in der Natur, das Ausmaß der Materie/Energie, die den Kosmos durchflutet – die Werte haben, die sie haben. Die Stringtheorie ist ein vielversprechender Kandidat, doch ob sie dieses spezifische Versprechen hält, kann nur die Zeit zeigen.«

Brian Greene

Obwohl ursprünglich als Erklärung für bestimmte Verhaltensweisen von Subatom-Partikeln entwickelt, die einer starken nuklearen Kraft unterliegen, galt die Stringtheorie später als mögliche Definition aller Elementarteilchen und ihrer Wechselwirkungen; eine zeitlang sah man darin die vielversprechendste Möglichkeit, gegensätzliche Standpunkte verschiedener physikalischer Theorien auf einen gemeinsamen Nenner zu bringen. Um eine Reihe von Phänomenen in diese Theorie einzugliedern, wurden immer komplexere mathematische Strukturen für die Prognose multidimensionaler Aspekte geschaffen, die ergründen sollen, aus welchen Bausteinen sich das Universum zusammensetzt.

Eine der interessantesten Hürden der Stringtheorie ist die Schwierigkeit, die darin enthaltenen Hypothesen zu belegen. Die Stringtheorie geht davon aus, dass es kosmische Ketten gibt, lange, extrem schwere, schmale Strukturen, Spaghettis gleich und nicht größer als ein Atom. Diese Ketten bewegen sich durch Raum und Zeit, und um dabei Energie zu sparen, ziehen sie ähnliche Ketten an, die sie dabei in Schwingung versetzen. Wenn man die Gesetzmäßigkeiten der Quantenphysik zugrunde legt, kann man die verschiedenen Schwingungsperioden messen, da man annimmt, dass jede dieser Schwingungsperioden, unterschiedliche Partikel repräsentiert. Die Schwingung erleichtert die Bestimmung, um welchen Partikeltyp es sich handelt, wie groß seine Masse ist und in welcher Wechselwirkung er zu anderen Partikeln steht.

Die Stringtheorie wurde noch nicht durch Beobachtungen untermauert, in einigen kürzlich erschienen Artikeln heißt es jedoch, dass diese Ketten schon zu Urzeiten existiert haben könnten. Mit indirekten Messtechniken, die Mikrowellenstrahlung im Kosmos aufspüren, hofft man, das Vorhandensein der Ketten nachzuweisen, die durch ihre Bewegung Störungen verursachen und Materie hinter sich herziehen. Beweise für diese Störungen könnten auch indirekt gesammelt werden: Ein Team von Wissenschaftlern aus aller Welt hat Modelle entwickelt und diese mit Informationen verglichen, die aus Weltraum-Sondierungen stammen. Vorläufige Ergebnisse deuten darauf hin, dass die kosmischen Ketten für das dokumentierte Mikrowellen-Strahlungsmuster im Universum verantwortlich sein könnten, auch wenn sich die Stringtheorie bisher nicht als die erhoffte, vereinheitlichende Struktur erwiesen hat.

Neue Erklärungsmodelle

Obwohl die Fähigkeit wächst, das Universum zu vermessen, bleiben einige theoretische und beobachtete Unstimmigkeiten. Um sie zu beseitigen, wurden neue Theorien geschmiedet. Derzeit sucht man nach einer Möglichkeit, die Geheimnisse des Universums miteinander zu verbinden, die fehlende

Materie (zur Zeit als dunkle Materie beschrieben) und die Dynamik der Evolution zu erklären und alle Fundamentalkräfte der Natur zu umfassen und zu harmonisieren.

Ein Problem, das bisher nicht gelöst werden konnte, beschrieb Kary Mullis, Nobelpreisträger für Chemie, so: »Wir werden mit dem immer rätselhafteren Bereich der Physik konfrontiert, beginnend mit Hugh Everett, der erklärte, es gäbe keinen sogenannten Zusammenbruch der kanonischen Wellenfunktion, der sich beobachten ließ, weil sich das Universum immer dann, wenn eine Quantenentscheidung ansteht, in orthogonale Vielfache seiner selbst aufspaltet. Dieses Konzept wurde einige Jahre weitgehend ignoriert, ist nun aber die Grundlage der ›Parallelwelten‹-Interpretation der Quantenmechanik oder ›Oxford Interpretation‹.«

Die »Parallelwelten«-Interpretation ist ein Versuch, verbleibende Paradoxe der Quantentheorie zu lösen. Die Interpretation besagt, dass Ereignisse, die in unserem Universum möglich sind, aber nicht stattfinden, sich in einem anderen Universum manifestieren. Damit wird die Tür zu der Vorstellung geöffnet, dass es mehrere, vielleicht sogar unendlich viele Universen gibt. Noch haben wir Schwierigkeiten, das Konzept von parallelen Universen akkurat zu definieren und zu messen, obwohl neue und sich weiter entwickelnde Messverfahren inzwischen ein klareres Bild unseres Universums bieten.

Eine weitere Theorie ist die E8-Prinzipalbündelverbindung, eine elegante Blaupause, die alles im Universum in Einklang bringen, Probleme in Konzepten wie der Stringtheorie überwinden und Konstrukte wie die dunkle Materie überflüssig machen würde – wenn sie sich beweisen ließe. E8 versucht, alle Standardmodelle von Partikeln, ihre Wechselwirkungen und die Gravitation in Übereinstimmung mit den bisherigen Erfahrungen als Komponente einer mathematischen Messung zu beschreiben. Da die Theorie keine unnötigen Strukturen und freien Parameter enthält, ermöglicht sie eine überprüfbare Prognose, deren Ergebnisse irgendwann Aufschluss über die Form des Universums geben könnten.

Was Konzepte wie Raumzeit, dunkle Materie, dunkle Energie, Stringtheorie und die E8-Prinzipalbündelverbindung enthüllen, ist die Macht der Messung, die einen Stein auf den anderen setzt, um Hypothesen zu errichten. Manchmal erweisen sich diese Hypothesen als richtig, aber das »Heim für ausgemusterte Theorien« ist auch mit Gedanken angefüllt, die einst vielversprechend aussahen, weil sie messbare Größen enthielten.

Ist der Mensch das Maß aller Dinge?

»Messungen sind natürlich zentral oder diesem Thema untergeordnet, das mit der Frage zu tun hat, was ist Realität?«

Kary Mullis, Nobelpreisträger für Chemie

Alles ist messbar, auf die eine oder andere Weise. Was nicht messbar ist, existiert nicht, außer vielleicht in der Raumzeit, in der alles existiert. Ein wichtiger Aspekt der Fähigkeit, Dinge zu messen, ist die Möglichkeit, sie zu bewerten, zu verstehen und zu steuern. Messungen stellen das Fundament der Überzeugungen dar, gleich ob auf der wissenschaftlichen oder religiösen Ebene. Aus philosophischer Sicht ermöglichen sie die Selbsterkenntnis des Menschen und die Definition des Lebens. Wir leben in einer vermessenen Welt und nehmen alle weltlichen Dinge durch Messung wahr. Musik existiert beispielsweise in Tonleitern und Dezibel für die Lautstärke. Nahrung wird in Kilogramm, Kalorien, Qualitätsgrad und Identifikationsstandards angegeben. Grad misst nicht nur Temperaturen, sondern auch die Schwere von Verbrennungen. Schmerz hat eine Skala, genau wie die pH-Werte. Die meisten Kleider haben verschiedene Größen, Vulkanausbrüche entsprechen ebenfalls einer Größenordnung, von strombolisch (leicht) bis ultra-plinianisch (superkolossal). Messungen in Form von Wirtschaftsindizes sorgen dafür, dass sich die Welt dreht. Wissenschaftliche Instrumente messen Zustände, Richtung, Position usw., doch sie haben ihre Grenzen, wie der Physiker und Philosoph Werner Heisenberg (1901–1976) bemerkte: »Da das Messgerät vom Beobachter konstruiert wurde … sollten wir uns daran erinnern, dass wir nicht die Natur selbst beobachten, sondern diejenige Natur, die unserer Methode der Fragestellung ausgesetzt ist.« Er spielte auf die Tatsache an, dass alle Messungen intellektuelle Artefakte sind, die es in der Natur nicht gibt.

Wissenschaftler und Techniker verlassen sich allem Anschein nach mehr als andere auf Messungen, doch im Grunde basieren alle Gedankenkonstrukte darauf und sind von ihnen abhängig. Messungen stellen die Grundlage des Wissens dar, das uns befähigt, Gutes oder Böses zu tun, wie es bei Matthäus 7,2 heißt: »Und mit welcherlei Maß ihr messet, wird euch gemessen werden.« Er sprach nicht über die lineare Länge.

Schriftsteller messen die Stärke von Emotionen in Worten. Liebe lässt sich beispielsweise als Zuneigung, Bewunderung, Verehrung oder Anbetung, als platonische Liebe oder Liebe zur Familie, zu den Menschen oder zur Erde messen, ganz zu schweigen von den zahllosen Synonymen in der französischen Sprache. Sprache ist eine Form der Messung und ermöglicht wie alle anderen Formen die zwischenmenschliche Kommunikation, zu dem einen oder anderen Zweck.

Alle Messungen benötigen einen Referenzpunkt, folglich sind alle Messungen relativ. Sie können benutzt werden, um Häuser, Pyramiden und Wege zwischen den Meeren zu bauen und um Theorien zu konstruieren. Die Messtheorie untermauert beispielsweise die Wahrscheinlichkeitstheorie, diese wiederum die Frequenzprognose. Messung enträtselt den Weg der Evolution des Menschen. Im Moment wird mithilfe von Messungen aufgedeckt, dass die Theorie – die früher ebenfalls unter Zuhilfenahme von Messungen entstanden ist – der Mensch sei direkt vom Homo habilis über den Homo erectus zum Homo sapiens in seiner derzeitigen Form übergegangen, falsch ist. Heute scheint es wahrscheinlicher zu sein, dass sich der Mensch ähnlich wie andere Säugetiere in einer nicht zielgerichteten, experimentellen Art und Weise entwickelt hat. Messungen könnten bald bestätigen, dass unser auf Menschen zentriertes Weltbild einer direkten Evolutionslinie nicht aufrechtzuerhalten ist – ähnlich wie Messungen auch untermauerten, dass die Erde nicht das Zentrum unseres Sonnensystems ist. Wie immer werden neue Messungen alte nach einem gesellschaftlich festgelegten Muster ablösen. Buchstaben verwandeln sich in Worte und Worte in Ideen, genau wie sich Daten in Informationen und Informationen bisweilen in Weisheit verwandeln.

Zum Beispiel wird im Bereich der Medizin eine Vielzahl von Testmessungen durchgeführt, deren Ergebnisse wir noch nicht einordnen können. Und doch hat das neue Wissen über die innere Funktionsweise der Gene die Erwartungen erhöht, dass diese Vorstöße in noch unbekannte »Gefilde« zu konkreten und aufregenden Entwicklungen führen könnten. Da sich »Werkzeuge« und Wissen immer besser miteinander verbinden, wird speziell die Biotechnologie eines Tages Messinstrumente entwickelt haben, die den Schlüssel zu vielen der heute lebensbedrohlichen Kalamitäten beinhalten. Sie werden die Art und die Qualität des Alterns verändern und könnten dazu beitragen, die für unseren Planeten optimalen Konditionen zu schaffen und bewahren.

Kosmologische Untersuchungen der großen Zusammenhänge, die seit den Babyloniern gemacht werden, werden weiterhin neue Entdeckungen hervorbringen und damit die Vermessung des Ursprungs des Universums und seiner Elemente verfeinern. Dies wiederum trägt dazu bei, Annahmen und Vorhersagen bezüglich der Entstehung des Universums zu bestätigen, die eines Tages zu den Antworten auf die großen Fragen der Menschheit führen könnten.

Trotz aller Fortschritte und Hoffnungen bleiben Messungen ein menschliches Unterfangen. Durch die Geschichte hindurch hat man durch das Vermessen versucht, unsere Welt immer wieder neu zu definieren. »Messen« ist ein menschliches Artefakt, es definiert, dass Dinge tatsächlich existieren. Wie Heisenberg müssen wir akzeptieren, dass jegliche Existenz immer relativ zu anderen Existenzen ist – folglich ist das Messen eine Illusion, mit dem wir uns selbst täuschen. Oder wie der griechische Philosoph Protagoras es ausdrückte: »Der Mensch ist das Maß aller Dinge; der Seienden, dass sie sind, und der Nichtseienden, dass sie nicht sind.« Damit wollte er zum Ausdruck bringen, dass Dinge, die man nicht auf die eine oder andere Weise messen kann, nicht existieren. Gleich ob wir dieser Beobachtung zustimmen, von Protagoras stammt auch der Satz, dass alle Dinge zwei Seiten haben.

Die Geschichte hat gezeigt, dass sich die Definitionen und Konzepte des Messens weiterentwickeln werden und dass einige Formen des Messens, die zur Zeit als »absolut« gelten, »obsolet« sein werden. In der heutigen Zeit der wissenschaftlichen Beweisführung ist es schwer zu glauben, dass wir noch immer mit der Definition etlicher Messungen kämpfen und dass tägliche Erfahrungen, die Dinge wie Farbe, Gewicht, Biologie, Raum oder Zeit miteinbeziehen, viel Raum für persönliche Bewertungen lassen. Vielleicht weniger erstaunlich ist, dass Begriffe wie Emotionen, Liebe oder Selbstbewusstsein nebulös sind und noch klarer umrissen werden müssen. Einige werden allerdings argumentieren, dass man bestimmte Dinge besser ungemessen und im Reich der Fantasie belässt – auch, wenn man diese bald ebenso vermessen können wird.

Anhang

Interessante Instrumente

Angelehnt an: Robert Bud und Deborah Jean Warner, Hrsg., *Instruments of Science: An Historical Encyclopedia*, New York 1998.

Auxanometer: Ein in den 1860er-Jahren von Julius Sachs in Deutschland entwickeltes Gerät zur Größenmessung von Pflanzen. Es bestand aus einem Draht, der oben an der Pflanze angebracht und über eine bewegliche Spule mit einem Zeigestock verbunden war, der mithilfe eines fixierten Lineals die Größe angab.

Bolometer: Gerät zur Messung der Infrarotstrahlung, 1879 von dem Solarphysiker Samuel Pierpont Langley entwickelt. Es bestand aus zwei schwarz gefärbten Platinstreifen, wobei der eine Streifen geschützt und der andere der Infrarotstrahlung ausgesetzt war. Sobald sich der ungeschützte Streifen aufheizte, veränderte sich der elektrische Widerstand in einem Stromkreis, der einen Messwert auf der Grundlage der elektrischen Leitfähigkeit anzeigte.

Coulter-Zähler: Volumetrische Hindernisse messend, benützt Wallace Coulters Erfindung aus dem Jahr 1948 elektrischen Strom, um rote Blutzellen durch eine Düse zu treiben und das Zellvolumen des Bluts zu bestimmen.

Downhole-Sonde: Metallröhre, die einer langen verschlossenen Pfeife gleicht und Sensoren zur Übertragung elektrischer Impulse enthält. Die Downhole-Sonde spürt Gesteinsformation und Kohlenwasserstoff in Bohrlöchern zur Erkundung von Erdölvorkommen auf. Conrad und Marcel Schlumberger entwickelten und benutzten dieses Gerät 1927 auf dem Pechelbronne-Ölfeld in Frankreich.

Fluoreszenz-aktivierter Zellsortierer: Fluoreszierende Antikörper markieren verschiedene Zellarten, wenn sie durch eine vibrierende

246

Düse getrieben werden, sodass sie in Tropfen zerfallen. Durch Laser werden die Markierungen sichtbar; sie ermöglichen, verschiedene Zellen zu identifizieren. Der erste FACS wurde 1966 von Elliott Levinthal und Leonhard Herzenberg entwickelt.

GALTON-PFEIFE: 1876 von dem englischen Eugeniker Francis Galton erfunden, hatte die Galton-Pfeife eine Schraube am Ende einer kurzen Messingröhre, die eine Veränderung der Tonhöhe ermöglichte – und somit die Messung der höchsten, vom Menschen hörbaren Töne.

GEGENSTROM-VERTEILER: Anfang der 1940er-Jahren entwarf Lyman Craig einen Apparat mit mehreren Glasröhren, die so angebracht waren, dass eine leichtere Flüssigkeit, die sich in der obersten Röhre befand, in eine darunterliegende zweite Röhre floss, wo Methylalkohol sie für eine darauffolgende Trennung verdünnte. Während die Flüssigkeit eine Röhre nach der anderen durchlief, wurde die Substanz immer reiner. 1958 konstruierte Craig einen Gegenstrom-Verteiler mit tausend Röhren. Mit Hilfe dieser Methode waren Biochemiker in der Lage, reine Proben von Antibiotika, Hormonen, Viren und Nukleinsäuren zu isolieren und zu messen.

GEN-SEQUENZER: Lloyd Smith vom benutzte den fluoreszierenden Marker und die durch Laser aktivierten FACS, um die Sequenzen von Adenin, Thymin, Guanin und Zytosinbasen in DNA-Abschnitten zu identifizieren. Die Firma *Applied Biosystems* führte 1987 den ersten kommerziellen Gen-Sequenzer ein, der nach weiteren Verbesserungen das *Human Genome Project* im Jahr 2003 zu der Ankündigung veranlasste, man habe alle menschlichen Gene sequenziert.

GROMA: Römisches Vermessungsinstrument mit zwei paarig angeordneten Bleiklumpen, die als Lot dienten und gerade Linien und 90-Grad-Winkel maßen. Soweit bekannt, wurde das einzige erhaltene Exemplar 1912 in den Ruinen von Pompeji ausgegraben.

HALLADE-GLEISKONTROLLSYSTEM: Der in der Schweiz geborene französische Eisenbahningenieur Hallade entwarf das gleichnamige Instrument zu Beginn des 20. Jahrhunderts. In einem Personenwagen angebracht, hatte es drei Pendel, die auf verschiedenen Achsen schwangen und die vertikalen, horizontalen und diagonalen Vibrationen maßen. Die Daten wurden an ein Papier-Aufzeichnungsgerät übermittelt, das durch ein Uhrwerk in Gang gesetzt wurde. Eine holperige Fahrt zeigte an, dass die Gleise abgenutzt oder nicht mehr richtig ausgerichtet waren.

HYPSOMETER: Im 18. Jahrhundert beobachteten französische Naturphilosophen die Auswirkung der Höhe auf den Siedepunkt von Wasser. Sie nahmen an, dass es möglich sein müsste, die Höhe auf der Grundlage der Temperatur zu messen. Der Astronom Francis Wollaston entwickelte 1817 ein »Thermobarometer« oder Hypsometer.

KYMOGRAF: Für seine physiologische Forschung an der Leipziger Universität entwickelte Carl Ludwig in den 1860er-Jahren ein Instrument, bei dem eine Kanüle eine Arterie mit einem U-Rohr-Manometer verband, das mit Quecksilber gefüllt war. Ein dazugehöriger Zylinder diente als grafischer Schreiber und zeichnete den Blutdruck auf. Der italienische Arzt Scipione Riva-Rocci erfand 1896 die heute gebräuchliche pneumatische Armmanschette für die Blutdruckmessung – den modernen Sphygmomanometer –, der den invasiven Kymografen ersetzte.

LOG: Das Schiffslog war ursprünglich ein Holzscheit, das an einer 150 Fathom langen Leine mit regelmäßigen Knoten über Bord geworfen wurde. Die Geschwindigkeit wurde ermittelt, indem man die Knoten zählte, die innerhalb einer bestimmten Zeit über Bord gingen. Seit Anfang des 20. Jahrhunderts hatten Schiffe elektrische Patentlogs am Rumpf, die die Geschwindigkeit mithilfe eines nachgeschleppten Propellers messen.

MASSENSPEKTROMETER (MS): Von diesem Gerät gibt es mehrere Versionen, aber alle verwenden ionisierende Strahlung, um ein Partikelspektrum zu erzeugen, das nach Gewicht gemessen wird. Bei einem MALDI-MS (Matrix-unterstützte Laser-Desorption/Ionisation) wird eine Substanz, beispielsweise eine Blutprobe, Laserbeschuss ausgesetzt, wodurch sie zersplittert. Die Flugzeit (Time of Flight) zwischen dem Zersplittern und dem Auftreffen auf einen Detektor bestimmt die Proteinmasse einer Komponente. Obwohl es schon zu Beginn des 20. Jahrhunderts MS gab, war Wolfgang Paul in den 1950er-Jahren einer der Ersten, der eine modernere Version entwickelte, wofür er 1989 mit dem Nobelpreis für Physik ausgezeichnet wurde.

NEBELKAMMER: Eine Apparatur, die ursprünglich für die Beobachtung optischer Phänomene in simulierten Wolken konstruiert wurde und auf Charles Thomson Rees Wilsons Arbeit in den 1890er-Jahren basierte; später wurde daraus ein Instrument für die Visualisierung und grafische Darstellung der ionisierenden Strahlung. Der Physiker Ernest Rutherford nannte es »das originellste und wunderbarste Instrument in der Geschichte der Wissenschaft.«

OPHTALMOTONOMETER: Ein Instrument, mit dem man den Innendruck des Auges misst. Durch Studien des Grünen Stars entdeckten Ärzte im 17. Jahrhundert, dass der Augeninnendruck diese Erkrankung anzeigt. In den 1860er-Jahren entwickelten mehrere Erfinder Geräte, die eine beschwerte Metallplatte nutzten, um Druck auf das Auge auszuüben. Der aufgewendeten Druck wurde gemessen. Der holländische Arzt Franciscus Cornelis Donders gab diesem Instrument 1863 den Namen Tonometer.

PCR (POLYMERASE CHAIN REACTION = POLYMERASE KETTENREAKTION): Durch Erhitzen und Abkühlen einer kurzen DNA-Sequenz wird mithilfe eines Enzyms, das die beiden Stränge trennt, und Primern (purine und pyrimidine Basen), die zur Entstehung neuer Doppelstrang-Kopien beitragen, diese Sequenz in jedem sich wiederholenden Zyklus verdoppelt. Dadurch lässt sich eine einzige Sequenz für Studienzwecke in hoher Anzahl vervielfältigen. Kary Mullis begann 1893 mit PCR zu experimentieren und erhielt für seine Arbeit zehn Jahre später den Nobelpreis.

POROMETER: Die englische Botanikerin Dorothea Pertz und der Naturwissenschaftler Francis Darwin (Sohn von Charles Darwin) entwickelten 1911 dieses Instrument, um die Reaktion eines Blattes auf Kohlendioxydabsorption und Wasserverlust zu messen.

RÖNTGENBEUGUNGSGERÄT: Mithilfe von Röntgenstrahlen, die durch einen Kristall geleitet werden, und der Aufzeichnung der Splittermuster der Elektronen auf einer fotografischen Platte kann man die atomare Struktur des Kristalls messen, da die Wellenlänge der Röntgenstrahlen und des Raums zwischen den Atomen etwa die gleiche Magnitude besitzt. Für die Entdeckung dieses Phänomens der Röntgenstrahlbeugung oder -diffraktion wurde Max von Laue 1914 mit dem Nobelpreis für Physik ausgezeichnet. Danach benutzten Forscher diese Technik, um der Struktur von Salzen, Mineralien, Metallen und bestimmten biologischen Molekülen, DNA und Proteinen auf die Spur zu kommen.

SQUID: Geräte zur Messung der Stärke eines Magnetfelds gab es seit dem 18. Jahrhundert, doch im Lauf der Zeit wurden sie immer leistungsfähiger. SQUID (Supraleitendes Quanten-Interferenz-Gerät) wurde 1964 entwickelt. Es verwendet ein supraleitendes Material wie Niobium und reduziert die Temperatur fast auf den absoluten Nullpunkt, sodass sich die Magnetfelder messen lassen, die mit atomaren Strukturen und der Freisetzung subatomarer Partikel in Zusammenhang stehen.

SZINTILLATIONSZÄHLER: Durch Studien der Ähnlichkeiten zwischen Fluoreszenz/Phosporeszenz und Röntgenstrahlen entdeckte der französische Physiker Henri Becquerel 1896 das Phänomen der Radioaktivität. Er stellte fest, dass ein radioaktives Elementarteilchen einen »Lichtblitz« erzeugte, wenn es auf ein Phosphorkristall stieß. 1908 entwickelten Hans Geiger und Ernest Rutherford einen für Laborzwecke bestimmten Szintillationszähler, der auf diesem Gebiet Pionierarbeit leistete.

TACHISTOSKOP: Alfred Volkmann, ein deutscher Physiologe aus dem 19. Jahrhundert, führte Experimente mit der Sicht durch und entwickelte das ursprüngliche Tachistoskop (eine Kombination aus den griechischen Worten für »schnell« und »sehen«). Es zeigte, dass sich das Auge trainieren und die räumliche Wahrnehmung erweitern ließ. Das Gerät besaß eine Hochgeschwindigkeitsblende und zeigte kurz ein Bild. Damit wurde eine Messung der Wahrnehmungsgenauigkeit möglich. Im 20. Jahrhundert wurden Tachistoskope bei der Ausbildung von Kampfpiloten eingesetzt, um sie darauf zu schulen, feindliche Flugzeuge schneller zu erkennen.

TROMOMETER: Da die afrikanischen und europäischen tektonischen Platten unterhalb von Italien zusammenprallen, wurden viele Instrumente zur Entdeckung seismischer Schwärme in dem Land entwickelt, das als »Wiege der Vulkanologie« gilt. Anfang der 1870er-Jahre baute Tiometeo Bertelli den Tromometer. Er bestand aus einem Pendel, das sich in einer langen Metallröhre befand, und einem Vergrößerungsglas, das dem Beobachter ermöglichte, die Bewegung eines Senkbleis zu erkennen und in Millionstel Meter zu messen. Ungefähr zur gleichen Zeit, als dieses Seismoskop entstand, entwickelten andere Erfinder in Florenz den modernen Seismografen.

WHEATSTONE-BRÜCKE: Sir Charles Wheatstone nannte dieses elektrische Gerät 1843 »Differenzialwiderstandsmesser«. Es bestand aus vier Widerständen, die zu einer Kette zusammengeschaltet waren (bei dreien war der Wert bekannt, bei einem unbekannt), einer Batterie als Spannungsquelle und einem Galvanometer (Strommessgerät). Der vierte Wert wurde auf der Grundlage der anderen drei Werte errechnet, und damit wurde es möglich, die Stärke des elektrischen Stroms in einem Stromkreis zu verändern und zu stabilisieren.

Literaturverzeichnis

Die folgende Auswahl ist kein vollständiges Literaturverzeichnis, sondern eine Auswahl wichtiger und interessanter Titel zur weiterführenden Lektüre.

Andrews, William J. H. (Hrsg.), *The Quest for Longitude*, Cambridge, Massachusetts 1996.

Audoin, Claude, Guinot, Bernard, *The Measurement of Time: Time, Frequency, and the Atomic Clock*, Cambridge 2001.

Baillie, G. H., Clutton, C., Ilbert, C. A., *Britten's Old Clocks and Watches and their Makers*, New York 1956, siebte Auflage.

Benade, Arthur, *Fundamentals of Musical Acoustics*, New York 1976.

Bennett, V. A., *The Divided Circle: A History of Instruments for Astronomy, Navigation and Surveying*, Oxford 1987.

Berghaus, Heinrich, *Physikalischer Atlas*, Frankfurt 2004

Blackmore, S., *Consciousness: An Introduction*, New York 2003.

Bohren, Craig F., *Fundamentals of Atmospheric Radiation: An Introduction with 400 Problems*, New York 2006.

Brook, Timothy, *The Confusions of Pleasure: Commerce and Culture in Ming China*, Berkeley 1998.

Bud, Robert und Warner, Deborah Jean, *Instruments of Science: An Historical Encyclopedia*, New York 1998.

Campbell-Kelly, Martin, Aspray, William, *Computer: A History of the Information Machine*, New York 1996.

Carroll, J. B., *Human Cognitive Abilities: A survey of factor-analytical studies*, New York 1993.

Carter, Rita, *Exploring Consciousness*, Berkeley 2002.

Chalmers, D., *The Conscious Mind: In Search of a Fundamental Theory*, New York 1996.

Clark, John, *The Essential Dictionary of Science*, New York 2004.

Cowan, Harrison J., *Time and Its Measurements*, Cleveland 1958.

Darwin, Charles, *Origin of Species*, New York 1998.

Dohrn-Van Rossum, *Gerhard, History of the Hour: Clocks and Modern Temporal Orders*, Chicago 1998.

Eatwell, John, Milgate, Murray, Newman, Peter (Hrsg.), *The New Palgrave: A Dictionary of Economics*, London und New York 1987.

Gould, Stephen J., *The Mismeasure of Man*, New York 1981.

Greene, Brian, *The Fabric of the Cosmos: Space, Time, and the Texture of Reality*, New York 2004.

Gribbin, John, *The Search for Superstrings, Symmetry, and the Theory of Everything*, London 1998.

Guyton, Arthur C., Hall, John E., *Textbook of Medical Physiology*, Philadelphia 1996, neunte Auflage.

Halpern, Paul, *The Great Beyond: Higher Dimensions, Parallel Universes, and the Extraordinary Search for a Theory of Everything*, Hoboken 2004.

Hanbury-Tenison, Robin, *The Oxford Book of Exploration*, New York 1993.

Harley, J. B., Woodward, David (Hrsg.), *The History of Cartography Volume 1: Cartography in Prehistoric, Ancient, and Medieval Europe and the Mediterranean*, Chicago 1987.

Hayflick, Leonard, *How and Why We Age*, New York 1994.

Hofmann-Wellenhof, B., Moritz, H., *Physical Geodesy*, Wien 2005.

Holy Bible, *Good news publishing*, Illinois 2001.

Hood, Peter, *How Time is Measured*, London 1955.

Hooper, Dan, *Dark Cosmos: In Search of Our Universe's Missing Mass and Energy*, New York 2006.

Howse, Derek, *Greenwich Time and the Discovery of Longitude*, London 1997.

Hubbard, Douglas, *How to Measure Anything: Finding the Value of Intangibles in Business*, New York 2007.

Humboldt, Alexander von, *Kosmos*, Frankfurt 2004.

Jespersen, James, Fitz-Randolph, Jane, *From Sundials to Atomic Clocks: Understanding Time and Frequency*, Mineola, NY 1999, zweite, überarbeitete Auflage.

Jones, Tony, *Splitting the Second*, Bristol, UK: Institute of Physics Publishing, 2000.

Judd, Deane B., Wyszecki, Günter, *Color in Business, Science and Industry*, New York 1975, dritte Auflage.

Kernis, Michael, (Hrsg.), *Self Esteem: Issues and Answers: A Sourcebook of Current Perspectives*, New York 2006.

Kevles, Bettyann, *Naked to the Bone: Medical Imaging in the Twentieth Century*, New Brunswick 1997.

Landes, David S., *A Revolution in Time: Clocks and the Making of the Modern World*, Cambridge, Massachusetts 1985.

Leroi, A., *Mutants: On Genetic Variety and the Human Body*, New York 2003.

MacEachren, A.M., *How Maps Work*, New York 1995.

Meine, Curt, *Correction Lines: Essays on Land, Leopold, and Conservation*, Washington, D.C. 2004.

Middleton, W.E. Knowles, *The history of the barometer*, Baltimore 2002.

Monmonier, Mark, *How to Lie with Maps*, Chicago 1991.

Palmer, S.E., *Vision Science: Photons to Phenomenology*, Cambridge 1999.

Perrot, Pierre, *A to Z of Thermodynamics*, New York 1998.

Pickles, John, *A History of Spaces: Cartographic Reason, Mapping, and the Geo-Coded World*, Oxford, UK 2003.

Polchinski, Joseph, *String Theory*, Cambridge 1998.

Priestley, J. B., *Man and Time*, Garden City, NY 1964.

Randall, Lisa, *Warped Passages: Unraveling the Mysteries of the Universe's Hidden Dimensions*, New York 2005.

Roberts, Kenneth D., Taylor, Snowden, *Eli Terry and the Connecticut Shelf Clock*, Fitzwilliam, New Hampshire 1994, zweite, überarbeitete Auflage.

Robinson, A.H., *Early Thematic Mapping: In the History of Cartography*, Chicago 1982.

Robinson, A. H., *Elements of Cartography*, New York 1953.

Smolin, Lee, *The Trouble with Physics: The Rise of String Theory, the Fall of a Science, and What Comes Next*, New York 2006.

Sobel, Dava, *Longitude*, New York 1995.

Tavernor, Robert, *Smoot's Ear: The Measure of Humanity*, New Haven 2007.

Taylor, Barry N. (Hrsg.), *The International System of Units (SI)*, Washington D. C. 2001.

Thompson, Ambler, Taylor, Barry N., *Guide for the Use of the International System of Units (SI)*, (Special publication 811), Gaithersburg, MD 2008.

Vaníček P. and E.J. Krakiwsky, *Geodesy: The Concepts*, Amsterdam 1986.

von Helmholtz, Hermann, *Physiological Optics – The Sensations of Vision*, 1866, übersetzt ins Englische in: *Sources of Color Science*, David L. MacAdam (Hrsg.), Cambridge, Massachusetts 1970.

White, C. Albert, *A History of the Rectangular Survey System*. Washington: U.S. Dept. of the Interior, Bureau of Land Management:1983.

Wilford, John Noble, *The Mapmakers*, New York 2000.

Wisner, B., Blaikie, P., Cannon, T., Davis, I., *At Risk - Natural Hazards, People's Vulnerability and Disasters*, Wiltshire 2004.

Wohlfort, Charles, *The Whale and the Supercomputer: On the Northern Front of Climate Change*, North Point 2004.

Woit, Peter, *Not Even Wrong: The Failure of String Theory and the Search for Unity in Physical Law*, New York 2006.

Dank

Unser Dank gilt: Carole Bohrer, Pomme Karnath, Nancy und Kary Mullis, Robert Roethenmund, Christoph von Rohr, Ed Ruscha, Isabel Schroer, Sammlung Rosenkranz, Sammlung Roethenmund, Dr. Carmen Sippl, Dagmar von Keller

Michael Odenwalds
Universum

Faszination Weltraum: spektakuläre wissenschaftliche Phänomene, fesselnd erklärt.

Was sucht der Mensch im All? Sind Zeitreisen möglich? Was ist Dunkle Materie? In der »FOCUS online«-Kolumne »Odenwalds Universum« beantwortet Wissenschaftsredakteur Michael Odenwald jede Woche Leserfragen zu wissenschaftlichen Phänomenen.

Er erklärt leicht verständlich, wie die Milchstraße entstand und wie gefährlich Weltraumschrott ist, er spricht über Paralleluniversen, Urknall-Theorien und Außerirdische. Seine spannendsten Texte zu Kosmologie, Astro- und Quantenphysik sind nun erstmals als Buch zusammengefasst. Sie geben Antworten auf kosmische Mysterien, die zu den großen Fragen der Menschheit gehören.

256 Seiten, ISBN 978-3-7766-2581-3
Herbig

Lesetipp

BUCHVERLAGE
LANGENMÜLLER HERBIG NYMPHENBURGER
WWW.HERBIG.NET